| 光明社科文库 |

# 三北工程生态文化体系研究

铁铮　田阳　徐迎寿◎主编

光明日报出版社

**图书在版编目（CIP）数据**

三北工程生态文化体系研究 / 铁铮，田阳，徐迎寿主编. --北京：光明日报出版社，2023.5

ISBN 978-7-5194-7202-3

Ⅰ.①三… Ⅱ.①铁… ②田… ③徐… Ⅲ.①三北地区—防护林带—生态环境建设—研究 Ⅳ.①S727.2

中国国家版本馆 CIP 数据核字（2023）第 078137 号

**三北工程生态文化体系研究**

**SANBEI GONGCHENG SHENGTAI WENHUA TIXI YANJIU**

主　　编：铁　铮　田　阳　徐迎寿

责任编辑：刘兴华　　责任校对：宋　悦　李海慧

封面设计：中联华文　　责任印制：曹　诤

出版发行：光明日报出版社

地　　址：北京市西城区永安路 106 号，100050

电　　话：010-63169890（咨询），010-63131930（邮购）

传　　真：010-63131930

网　　址：http://book.gmw.cn

E-mail：gmrbcbs@gmw.cn

法律顾问：北京市兰台律师事务所龚柳方律师

印　　刷：三河市华东印刷有限公司

装　　订：三河市华东印刷有限公司

本书如有破损、缺页、装订错误，请与本社联系调换，电话：010-63131930

开　　本：170mm×240mm

字　　数：199 千字　　印　　张：13

版　　次：2024 年 1 月第 1 版　　印　　次：2024 年 1 月第 1 次印刷

书　　号：ISBN 978-7-5194-7202-3

定　　价：85.00 元

# 前　言

习近平总书记2023年6月6日深入内蒙古自治区巴彦淖尔市考察，主持召开加强荒漠化综合防治和推进“三北”等重点生态工程建设座谈会并发表重要讲话。他强调，加强荒漠化综合防治，深入推进“三北”等重点生态工程建设，事关我国生态安全、事关强国建设、事关中华民族永续发展，是一项功在当代、利在千秋的崇高事业。要勇担使命、不畏艰辛、久久为功，努力创造新时代中国防沙治沙新奇迹，把祖国北疆这道万里绿色屏障构筑得更加牢固，在建设美丽中国上取得更大成就。

以习近平同志为核心的党中央高度重视荒漠化防治工作，把防沙治沙作为荒漠化防治的主要任务。相继实施了“三北”防护林体系工程（书中简称“三北”工程）建设、退耕还林还草、京津风沙源治理等一批重点生态工程。实践证明，党中央关于防沙治沙特别是“三北”工程建设的决策是非常正确、极富远见的。我国走出了一条符合自然规律、符合国情地情的中国特色防沙治沙道路。实践证明，像“三北”防护林体系建设这样的重大生态工程，只有在中国共产党领导下才能干成。

“三北”工程伴随着改革开放启动，经过40多年的不懈努力取得举世瞩目的巨大成就。特别是党的十八大以来，累计完成造林4.8亿亩，治理沙化土地5亿亩，治理退化草原12.8亿亩，重点治理区实现从“沙进人退”到“绿进沙退”的历史性转变。保护生态与改善民生步入良性循环，荒漠化区域经济社会发展和生态面貌发生了翻天覆地的变化。荒漠化和土地沙化实现“双缩减”，风沙危害和水土流失得到有效抑制，防沙治沙法律法规体系日益健全，绿色惠民成效显著，铸就了“三北精神”，树立了生态治理的国际典范。

习近平总书记强调，三北地区生态非常脆弱，防沙治沙是一个长期的历史任务，我们必须持续抓好这项工作，对得起我们的祖先和后代。2021-2030年是“三北”工程六期工程建设期，是巩固拓展防沙治沙成果的关键期，是推动“三北”工程高质量发展的攻坚期。我们要完整、准确、全面贯彻新发展理念，坚持山水林田湖草沙一体化保护和系统治理，以防沙治沙为主攻方向，以筑牢北方生态安全屏障为根本目标，因地制宜、因害设防、分类施策，加强统筹协调，突出重点治理，调动各方面积极性，力争用10年左右时间，打一场“三北”工程攻坚战，把“三北”工程建设成为功能完备、牢不可破的北疆绿色长城、生态安全屏障。

“三北”工程建设创造了世界生态保护建设的人间奇迹，铸就了以“三北精神”为标志的一系列生态文化重要成果，需要进行系统研究，为加快建立健全以生态价值观念为准则的生态文化体系做出示范、提供借鉴、启迪后人。在国家林业和草原局西北华北东北防护林建设局的支持下，从2020年开始，北京林业大学、中国林业教育学会组织专家团队，对“三北”工程生态文化体系进行了深入系统的研究。研究团队从历史渊源、体系构建、作用功能、核心特征、创新成果、未来展望等维度，对“三北”工程生态文化进行了全面阐释。在此基础上，研究团队编撰出版了此书。

党的二十大对推动绿色发展、促进人与自然和谐共生做出系统部署，要求坚持山水林田湖草沙一体化保护和系统治理，加快实施重要生态系统保护和修复重大工程，提升生态系统多样性、稳定性、持续性。我们要深入学习贯彻习近平总书记主持召开加强荒漠化综合防治和推进“三北”等重点生态工程建设座谈会时发表的重要讲话精神，坚定文化自信，秉持开放包容，坚持守正创新，以钉钉子精神，久久为功，继续探索面向未来的“三北”工程生态文化体系创新和实践创新，为助力新时代“三北”工程攻坚战注入强大精神力量。实施“三北”工程是国家重大战略。要充分发挥生态文化的支撑引领作用，大力弘扬“三北精神”，咬定青山不放松，一张蓝图绘到底，一茬接着一茬干，锲而不舍推进“三北”等重点工程建设，筑牢我国北方生态安全屏障。

# 目　录

## CONTENTS

# 第一章

# 源远流长 深根固柢

（三北工程生态文化的渊源）

几千年来，源远流长的中国传统文化形成了生态文化的丰富资源，其中诸子百家、农耕文化、游牧文化等富含了天人合一、道法自然等深厚的生态智慧，成为当代生态文化建设的重要精神源泉。西北文化、黄河文化、秦岭文化、边疆边地文化、传统村落文化等地域文化，提供了丰富的生态文化基因。森林文化、沙漠文化、绿洲文化、草原文化、湿地文化等自然文化，成为三北工程生态文化体系建设的宝贵财富。

## 第一节 传统文化

### 一、诸子百家

儒家、道家、法家、墨家几大派别构建了中国文化思想的基本框架。各家的思想中蕴藏的生态智慧对当今生态文明建设有极大的借鉴意义。从人与自然之间的关系开始到民本思想的提出，再到系统治理和生命共同体理念的产生，都与三北工程建设中坚持的原则和秉持的态度一脉相承。

#### （一）人与自然共生的自然观

儒家的自然观是天人合一。“天人合一”就是要将“天”和“人”形成协调一致的系统整体，主张在人类社会历史发展进程中，要严格按照自然规律，自觉协调人与自然的关系，从而实现人类文明的全面协调、可持续发展。

道家的自然观主要体现在“道法自然”“天地不仁”“无为而不为”等思想上。佛家的自然观是众生平等。这一思想告诫人们，要保护包括动物和植物在内的一切“众生”。人类善待自然，自然就会以和谐回报人类；人类破坏自然，自然便会与人类对立。可见，诸子百家对人与自然所持态度大致相同，都不约而同强调自然应该被尊重、被正确认识以及被正确利用以达到“天人合一”的和谐状态。这些蕴含深刻的生态文化智慧，虽产生于遥远的古代，却具有跨越时代的历史价值。

### （二）以民为本的价值取向

民本思想始于夏商时期，内容极为丰富，包含着以民为本、爱民贵民等思想。民本思想可以从三方面诠释：第一，“民本”，即以民为本。老子说“道常无为而无不为。侯王若能守之，万物将自化”①。第二，重民贵民思想。孔子的“德政”思想，主张统治者必须重民、爱民、富民，必须省刑罚、薄税敛、争取民心，强调统治者要把解决民众关心的切身问题放在突出的地位。老子《道德经》中提出要“以百姓之心为心”②，强调了百姓意愿在治国理政中的关键地位。第三，厚民富民思想。《管子·治国》中言“凡治国之道，必先富民。民富则易治也，民贫则难治也”，管子以此提醒统治者要以人民为重，关注民生疾苦，多为人民谋福利，“仓廪实而知礼节，衣食足而知荣辱”。百姓安居乐业，生活富足，方可实现社会和谐安定。《荀子·富国》提出“足国之道：节用裕民，而善臧其余。节用以礼，裕民以政”，提出要想国家富足就要富民，并强调通过政策来实现百姓富足。正是因为这些厚民富民思想，我国历史才得以向前发展，文化才得以源远流长，社会才得以安定繁荣。

### （三）万物一体的系统治理观以及生命共同体理念

诸子百家经典著作关于人与世间万物都是一个整体的这个理念，对生态环境治理时坚持系统治理和秉持生命共同体的理念提供了重要的理论借鉴。

---

① 王弼，注．老子道德经注校释［M］．楼宇烈，校释．北京：中华书局，2008.

② 老子．道德经（第四十九章）［M］．徐澍，刘浩，注译．合肥：安徽人民出版社，1990.

儒家强调“万物一体”的整体性理念，孔子认为人与自然之间并非单向影响，而是在双向互动。他一方面主张“天命论”，认为自然是不可违抗的，要顺应自然法则；另一方面又主张“人知天”，认为人面对自然时并非消极被动的，而是可以通过自身的努力来与自然相契合，达到“天人合一”的理想境界。荀子在这一理论基础上，进一步提出“天行有常，不为尧存，不为桀亡”①，表达出人与自然和谐协调的观点。《庄子·齐物论》中提道：“天地与我并生，而万物与我为一”，也强调万物与人是一体的，是命运与共的，与当前所说的人与自然是生命共同体有异曲同工之妙。天人合一、万物一体的生态智慧启示人们，在进行生态治理时要坚持系统治理观，将整个生态系统纳入治理当中，促进人与自然这个生命共同体的和谐发展。

## 二、农耕文化

农耕文化曾经覆盖中国社会的各个方面，是中国传统文化中的重要一支。追根溯源，我国的三北防护林工程继承了传统农耕文化中的坚持人与自然和谐共处以及可持续发展观的生态理念，发扬了千百年来农业耕种过程中形成的勤劳勇敢、团结协作的精神，在新时代下更好地传承了中华民族优秀的传统文化。

### （一）农耕文化的概述

农耕文化是指中华儿女在与土地、自然相处的实践过程中形成的，有别于游牧文化，体现人与自然和谐共生和可持续发展的文化资源。这一文化最大的特点是有着固定的生活状态，需要通过耕种获取生活和生产的作物。这也是与游牧文化截然不同的方面。关于农耕文化的内涵，彭金山教授曾经将其概括为八个字，即应时、取宜、守则与和谐。“应时”即顺应天意，按照万物的规律行事，在传统耕作生活中指的是农业活动要遵照时间与自然节气来进行安排。“取宜”即种植庄稼要因地制宜。“守则”即农业耕作时要遵守秩序、准则。“和谐”即人的农业生产与自然环境是相互依存、相互联系的，要

---

① 荀子．天论［M］．安小兰，译注．北京：中华书局，2016：176.

做到人与自然的和谐共生。在漫长的传统农业社会里，我们的先辈用他们的智慧和双手，创造了灿烂的农耕文化。

### （二）农耕文化中的生态理念

1. 人与自然和谐共生理念。自然界是诞生人类的地方，也是人类生产、生活的主要场所。所以，处理好人与自然的关系是农耕生活的重要内容。在数千年前，人类没有现代科学技术的支撑，广大农民群众利用自己对自然、对时节的判断，顺应天时、地利与人和，完成农耕工作，实现了自给自足。这种自然环境和农业生产生活相互作用、相互依存的关系，是人与人、人与自然、人与社会和谐发展的结果。正所谓“天有其时，地有其财，人有其治，夫是之谓能参”（《荀子·天论》），“参”指要协调，将天、地、人看作一个整体，相互配合，才能达到合理的局面。[①] 三北工程规划中人与沙地、沙地与绿植的和谐共存正体现了这种关系。

2. 可持续发展的观念。自古以来，广大农民在农业耕作活动中就十分注重对物质资料的循环利用和节约生产，形成了一种节俭、循环利用的可持续发展观。所谓“山林非时不升斤斧，以成草木之长；川泽非时不入网罟，以成鱼鳖之长”[②]。在传统农业实践中，先辈们为了保证农作物的营养，通过对苗粪、秸秆、有机垃圾等生产生活垃圾进行堆积发酵，把氮、磷、钾等能源加入粪堆中，开辟新的肥料来源，实现废弃物的再利用，以弥补庄稼养分的损耗。这实际上是农耕文化中坚持循环利用、可持续发展的体现，是传统农业乃至现代农业一直追求的生态循环的生产方式，直至今日仍有借鉴意义。

### （三）农耕文化中的文化精神

1. 勤劳勇敢、自强不息的精神。所谓“民生在勤，勤则不匮”（《劝农其五》），想要不愁衣食，过上幸福美满的生活，关键就在于人要勤劳勇敢、不

---

① 徐旺生，李兴军．中华和谐农耕文化的起源、特征及其表征演进［J］．中国农史，2020，39（05）：3-10.

② 黄怀信．逸周书汇校集注［M］．上海：上海古籍出版社，1995.

懈奋斗。传统农耕文化历史悠久，在以“男耕女织”“渔樵耕读”为代表的传统农业中，农民们世代奉行着“几分耕耘，几分收获”的原则，日出而作，日落而息，将自己的一辈子都奉献给了土地，他们勇敢地同变幻莫测的自然条件作斗争，才收获了来之不易的作物，才形成了勤劳勇敢、自强不息的时代精神。这种精神作为民族精神的精髓，驱动着“三北”建设者战胜风沙和一切艰难险阻，变不可能为可能，从以前的“沙进人退”到如今的“人进沙退”，真正实现了人与沙、沙与绿的共生。

2. 团结协作、不畏艰苦的精神。马克思认为，人与人的关系是在实践中形成的，“人的本质不是单个人所固有的抽象物，而是一切社会关系的总和”①。在传统农业耕种过程中，这种社会交往的关系更为密切。“众人拾柴火焰高”“团结就是力量”。在瞬息万变的大自然面前，人类个体的力量是远远不够的。只有联合起来，才能更好地生存与发展。这在农业发展过程中逐渐形成了人们不畏艰苦与失败、人与人之间团结协作的精神。三北防护林工程采取多方集资、国家援助的方针，引导“三北”建设者在极其艰苦的环境下，勇敢走进八大沙漠、四大沙地，在贫瘠的荒漠上育林育草，修筑绿色屏障。这正是传承了这一精神的体现。

### 三、游牧文化

所谓游牧文化，就是在干旱、半干旱地区从事游牧生产的游牧部落、游牧民族和游牧族群，综合人与自然的双重条件，共同创造的文化。环境造就了游牧民族尊重自然、敬畏自然、保护自然、与自然和谐共存的生态理论观念。环境也造就了几代“三北人”尊重自然规律、改善自然环境、还赋予“绿色长城”以造福人类的生态智慧。游牧民族“万物有灵”的原始自然观，历经科学理论的指导，为三北防护林生态体系久久为功的建设扎下了根。

---

① 中共中央马克思恩格斯列宁斯大林著作编译局．马克思恩格斯选集（第1卷）［M］．北京：人民出版社，2012.

### （一）游牧文化的概述

我国有关游牧的记录古已有之。在《汉书·匈奴传》中曾记载“（匈奴）逐水草迁徙，毋城郭常处耕田之业[①]”；《北史·突厥传》中，亦有“穹庐毡帐，随逐水草迁徙，以畜牧射猎为业。食肉饮酪”[②] 的记述。“游牧”一词中的“游”有“不固定”之义，“牧”为放养牲畜之义。游牧是相对于圈养的一种放牧养殖方式，体现了一定的人地关系[③]。关于游牧文化的起源，目前共有4种学说：一是狩猎说，游猎人群在追逐兽群的过程中收容受伤和弱小动物（驯鹿）加以驯养，从而形成游牧人群；二是畜牧说，移动的狩猎者从邻近的农业聚落中取得牲畜形成游牧；三是气候说，为应对干旱气候对牲畜养殖的影响，游牧民族季节性地迁移，形成四处游牧的生活方式；四是人口说，早期人群需要应付人口增加的压力，却无力改进现有的生产技术，不得不谋求生产手段的多样化，例如学会了栽培植物和饲养动物，由此部分人群逐渐走向游牧生活[④]。4种学说都体现了游牧民族顺应自然、利用自然的伟大智慧。

### （二）游牧文化中的生态本体论思想

游牧文化本身是一种崇尚生态平衡的文化模式[⑤]。游牧文化崇拜自然、敬畏生命的观念中蕴含着朴素的生态本体论思想。人以自然而存在，即自然乃人之本源，人源于自然并以自然之性为自己之“本性”，人与自然内在一体，共生共荣[⑥]。游牧民族崇尚腾格里（天）神，即长生天，他们认为自然界“万物有灵”，河流、山川、树木皆是天神派来人间的监督者。河流蜿蜒曲折

---

① 班固．汉书（卷94）［M］．北京：中华书局，1962.

② 李延寿．北史·突厥传［M］．北京：中华书局，1972.

③ 包秀慧．生态文明建设视域中的内蒙古地区游牧文化的变迁［J］．贵州民族研究，2020，41（06）：83-90.

④ 郑君雷．西方学者关于游牧文化起源研究的简要评述［J］．社会科学战线，2004（03）：217-224.

⑤ 包秀慧．生态文明建设视域中的内蒙古地区游牧文化的变迁［J］．贵州民族研究，2020，41（06）：83-90.

⑥ 王全．蒙古族游牧文化的生态哲学审视［D］．呼和浩特：内蒙古师范大学，2010.

流向远方与状似穹庐的天汇合；高山耸入云端，是天的支撑；树木傲然屹立于草原，伟岸无比，可接近天，天一弯腰就可与树对话①。《蒙古族风俗鉴》中写道："人寿命之长短取决于地之气力，地气强劲养分充足则植物繁茂、动物强壮。天地调和则万物昌盛，如天气不调，地乏肥润则生命之物气脉渐虚。此乃天理也。②"游牧民们通过对自然的祭祀，来祈求自然的保护。他们爱山、爱水、爱草、爱树、爱原野上自生的牲畜（野生动物），用诚实的心灵和自觉的行动回报大自然的恩泽。

### （三）游牧文化中的生态意识

生态意识是根据社会和自然的具体可能性，最优地解决社会和自然关系所反映的社会和自然的观点、理论和感情方面问题的总和③。游牧文化的生态意识体现在游牧民族善待自然与对草原、河流和动物等的保护中。如对草原和动物的保护，游牧民族通过游牧、倒场的方式选择草场，并通过这种选择对草场资源进行合理利用和保护。同时，游牧民在生产实践中形成了特殊的生产技术"五畜"法，以保护草原。"五畜"是指草原上的山羊、绵羊、马、牛、骆驼。游牧民对不同的牲畜有不同的放牧方法。同时，在游牧民族的禁忌中，诸多涉及对动物的敬畏，如禁止虐待牲畜、忌讳从已卧好的羊群中穿过去和忌讳惊动吃草的羊群等④。此外，游牧民族对狩猎有明确规定。《史集》载，蒙哥汗下诏书曰"要让有羽毛的或四条腿的、水里游的或草原上生活的各种禽兽免受猎人的箭和套索的威胁，自由自在地飞翔或遨游⑤"。

---

① 乌达巴拉．游牧文化与内蒙古草原生态平衡［D］．呼和浩特：内蒙古师范大学，2010.

② 罗卜桑悫丹．蒙古风俗鉴［M］．呼和浩特：内蒙古人民出版社，1981：322.

③ Э. B. 基鲁索夫，余谋昌．生态意识是社会和自然最优相互作用的条件［J］．哲学译丛，1986（04）：29-36.

④ 陈寿朋．草原文化的生态魂［M］．北京：人民出版社，2007：143.

⑤ 宝力高．蒙古族传统生态文化研究［M］．呼和浩特：内蒙古教育出版社，2007：62.

## 第二节　地域文化

### 一、地域文化的内涵

地域文化是以地域为基础，以历史为主线，在社会进程中发挥作用的物质产物与精神产物之和，是在一定的地域范围内长期形成的历史遗存、文化形态、社会习俗、生产生活方式、以及源远流长、独具特色、传承至今仍发挥作用的文化传统等。地域文化由许多因素相互影响而形成，代表着当地的自然、经济、人文、风俗等信息，反应地域的自然环境、风俗文化以及宗教信仰等，能够展示人类文明与进步。地域文化因地域的特色和历史发展而形成不同特色的地域文化，是一个地方独有的代表性符号。靠山的地域有崇山精神，傍水地域富有尚水情感，一些宗教影响的地域有着浓厚的敬天精神。

### 二、地域文化的特征

地域文化是历史发展的结果，不同历史时期的不同地域文化有着不同的特征，但也有共性：①地域文化是模式化和符号化的存在，具有独特性。不同的自然生态系统如地理位置、海拔、纬度、气候、动植物资源等要素不同，给人类带来不同的生产、生活条件，从而形成独特的地域文化。②地域文化的传统性、乡土性。文化是历时性的产物，文化的形成源于人类长久的发展和积累在传统基础上的一种发展、更新和再造，体现了地域民情风俗等的传统性、乡土性。③地域文化具有地域限定性和意识形态主导性。在地域文化的形成过程中，历史上的行政区划对辖境内的政治、经济、文化有着深远的影响，使其中的文化因素趋向一体化。另外，出于地方利益的考虑，各地域往往培育和强化自己的地方意识，赋予它特色，不可避免地带有浓厚的地方意识形态色彩。

### 三、地域文化的划分

地域文化构成要素复杂，划分依据的因素具有多样性，如地理方位、地理环境（流域、山脉）、地理单元、行政区划、方言、族群、民俗、经济文化类型、区域市场、宗教信仰等等。①以地理相对方位为标准划分，如东方文化、西方文化、南方文化、北方文化、西北文化、江南文化、岭南文化、西域文化、关东文化等。②以自然地理环境特点为标准划分，如长江三角洲文化、黄河文化、运河文化、海岛文化、大陆文化、高原文化、草原文化、绿洲文化等。③以行政区划或古国疆域为标准划分，如齐文化、鲁文化、秦文化、晋文化、楚文化、巴蜀文化、云贵文化等。④以社会经济结构（生产方式）为主要特征划分，如农耕文化、草原文化等。⑤以族群为依据划分，如华夏、东夷、北狄、西戎、南蛮等。

### 四、三北地域文化

三北防护林体系跨我国13个省、市、自治区的559个县（旗、区、市），总面积406.9万平方千米，占中国陆地面积的42.4%。“一方水土养一方人”，每个地域会形成自己特有的地域文化，“三北”地域按照地域文化的划分标准，比较典型的有以地理相对方位为标准划分的西北文化、东北文化，以自然地理环境特点为标准划分的黄河文化（流域）、秦岭文化（山脉），以行政区划或古国疆域为标准划分的三晋文化等。

#### （一）西北文化

西北地区自然区划是指大兴安岭以西，昆仑山—阿尔金山、祁连山以北的地区，是我国四大自然区之一，是古代丝绸之路的必经之地，也是丝绸之路经济带建设的前沿阵地和重点区域。西北文化可以追溯到新石器时代（大约公元前6000年），当时是以黄土高原为中心的仰韶文化和龙山文化、黄河上游地区的大地湾文化和马家窑文化以及齐家文化。

作为黄河源头的西北地区，孕育了黄河儿女的胚胎，是华夏文化的源头。

原始文字、农耕文化、龙文化都是从西北这块古老的土地上生成了它们的胚胎，对中华民族文化的形成起了决定性的影响。一是以蒙古、藏、哈萨克为代表的游牧文化（包括先前的匈奴、突厥、回鹘等民族文化）；二是以维吾尔族为代表的绿洲农业文化（包括河西走廊地区）；三是以汉族为代表的黄土高原中西部的旱作农业文化（包括西夏和回、东乡、保安、土族等文化）。西北地区也是中国宗教文化的发祥地，不仅有许多道教起源的传说，而且由西域传入经中国改造而民族化了的佛教也与西北渊源相关，西北是中国式佛教的源头。

西北文化具有鲜明的会聚性、多样性和交融性，这些特征源于西北独特的地理环境和地理位置。一方面，西北广大西部地区（除陕西以外）大多是大山、大川、戈壁、沙漠、草原和高原，气候大多寒冷干燥，降水稀少，温差奇大，无霜期短，且境内多旱灾、虫灾、雪灾、霜灾、风灾等自然灾害。在这种恶劣且零碎的区域环境中，生息在此的各民族不仅人口十分稀少且区域汇聚互相隔离，致使有多少个民族就有多少个文化实体。另一方面，伴随着人类生产力水平的提高，人类逐渐能够穿越这片荒漠地带，其又是东西文明交流的必经之地和中间站。从地理环境看，这里是东亚、南亚、西亚、欧洲文明的结合地带；从生产方式看，这里是农耕文化和游牧文化的结合地带；从宗教哲学看，这里是伊斯兰教、藏传佛教和儒道互补哲学的结合地带；从民族类别看，这里是汉族文化和其他民族文化的结合地带；多种异质文化和多种本土文化聚在一起必然会产生碰撞和交融。因此西北文化的交融既有异质文化的相互融合也有本土文化的相互融合，亦有本土文化和异质文化间的交相融合，凸显了西北文化交融性的特点。

### （二）黄河文化

黄河被尊为“四渎之宗”“百泉之首”。黄河作为一条自然河流，在漫长的历史发展中，早已成为一种文化符号，成为中国人心中的“母亲河”，是中华民族文明的重要发祥地，是中华文明的象征。黄河文化广义上是指黄河流域广大劳动人民在黄河水事及其相关实践活动中创造的全部物质财富和精神财富的总和。从狭义上讲，黄河文化是指黄河流域广大劳动人民及黄河水利工作者所具有的精神诉求、价值取向、基本理论以及行为方式等方面的综合。

黄河文化犹如黄河水系源远流长、博大精深。原始社会晚期是黄河文化的起源阶段。由于文字没有产生，社会分工没有形成，精神文化生活只能体现在物质生产的活动中。其间经历了从磁山文化、裴李岗文化经过仰韶文化到河南龙山文化。夏商周三代是黄河文化的发展的重要时期。有了文字，人们日常精神生活的内容和方式也有了记述和表达的可能。在此阶段，农业文化的特征比较鲜明，黄河农业文化的土壤所培育的“民为邦本”观念是中国传统文化的基本精神之一。同时，国家建设、青铜文化的繁荣初步彰显了黄河文化所蕴含的创造力。从春秋战国时期以后就是黄河文化的发展及兴盛时期，黄河文化不断吸收异质文化而增强了自身生命力，通过各种方式融合在中华民族心理结构中，塑造了中华民族的民族精神、民族性格以及民族的思维方式，形成了以其为基本内核的中华文化传统。

黄河文化是中国传统文化、道德、精神的体现，是中华文明的重要组成部分，是中华民族的根和魂，表现在“民为邦本”“天人合一”的传统思想和“多元统一”的中华“大一统”观念里。从地理空间来看，黄河文化是大河文化，又可划分为多个区域文化，以上游三秦文化、中游中州文化、下游齐鲁文化为主体，包含诸如三晋文化、燕赵文化等文化层次而构成的庞大的文化体系。在文化演进发展的过程中，不同地域的诸如草原游牧文化、农耕文化、宗教文化和民族文化等形成了丰富而多样的黄河文化。数千年间，黄河文化以儒家思想为核心，对周边以及外来文化兼收并蓄、博采众长，逐渐形成了辉煌灿烂、独放异彩的中华民族文化主体，深深地影响着东亚，并走向世界。黄河文化正如黄河生生不息的生命力，蕴含着自强不息、敢于拼搏、勤劳务实、开拓进取、团结一致、无私奉献的民族精神。

2019 年 9 月，习近平总书记考察调研并主持召开黄河流域生态保护和高质量发展座谈会，指出黄河文化是中华文明的重要组成部分，是中华民族的根和魂。“要深入挖掘黄河文化蕴含的时代价值，……为实现中华民族伟大复兴的中国梦凝聚精神力量。”习近平总书记还提出要坚持绿水青山就是金山银山的理念，坚持生态优先、绿色发展，以水而定、量水而行。

### （三）秦岭文化

秦岭是一座高峻绵延的山脉，主峰位于陕西省宝鸡市境内的太白山，海拔 3771.2 米，是俊秀江南与粗犷北国的分隔，又被称为中华民族的父亲山，甚至被称作华夏文明的“龙脉”。秦岭文化从蓝田原始文化、新石器时期的仰韶文化和半坡文化开始，经历了中华民族发生、发展的曲折历程：大秦王朝一统华夏，开启了中华民族统一之先河，引领中华文明发展，成就雄踞东方的泱泱大国……

秦岭是中国南北方文化、东西部文化的聚合点和交汇点，是中华文明的重要发祥地之一。秦岭文化体现了“多元一体”“天人合一”“和而不同”等中华传统文化精神。秦岭造成了中国农业文明“南稻北粟”的多样性格局，使得神州大地多元的农业文明最终走入了以黄河流域为核心的中华民族“多元一体”的大格局。《周易》《周礼》是地处秦岭山水之间的西周王朝的周文王、周公旦将数千年以来古人探索天人关系的成果凝练成结晶。在集儒、释、道于一体的秦岭，将“和而不同”的文化融合表现得最为充分。东汉经学家马融少时在秦岭师从著名学者挚恂研习儒家文化；著名经学大师郑玄在秦岭研修儒学；宋代大思想家张载所开创的关中学派也发源于秦岭，形成了一支独特的儒家学派。秦岭又是道教的重要发源和兴盛之地，秦岭中段终南山的楼观说经台，相传是老子讲授《道德经》之地。东汉，太平道在关中已有了传布，张道陵在陕南创五斗米道，汉中巴蜀地区亦兴起了天师道；魏晋之际，终南山楼观道派日益活跃；唐代，高祖亲率文武官员到楼观祭祀老子，并下诏改楼观为“宗圣观”；宋代，关中道教学派创始人陈抟长期隐居秦岭，并著《指玄篇》《太极图》等；金代，王重阳在终南山创立全真道，从此道教分为正一、全真两大派，一直流传。秦岭还是中国佛教的重要“摇篮”，自佛教初传之时即在终南山有所传播，终南山且是中国佛教传播的重要策源地和最早译经重地之一。

2020 年 4 月 20 日，习近平总书记在陕西考察，第一站去了秦岭。他指出：“秦岭和合南北、泽被天下，是我国的中央水塔，是中华民族的祖脉和中华文化的重要象征。保护好秦岭生态环境，对确保中华民族长盛不衰、实现

‘两个一百年’奋斗目标、实现可持续发展具有十分重大而深远的意义。”

### （四）东北文化

“东北”是对中国大陆东北部黑龙江、吉林和辽宁三省以及内蒙古东四盟构成区域的简称。东北地区历史文化悠久，自古以来就是我国多民族聚居的重要区域。在漫长的历史进程中，在这片土地上繁衍生息的东北各族人民，齐心协力，用勤劳和智慧共同创造了底蕴丰厚、绚丽多彩的历史和文化。

东北地区是中华文化的发源地之一。东北地区的文化起源于100万年前的吉林前郭王府遗址，而后薪火相传，东北土著民族丰富多彩的传统文化，移民人口的流入带来了胶东文化、豫东文化、晋商文化、江浙文化、两湖文化，以及西方文化，它们互相交融，形成了多元的新型关东文化。东北根据地域环境以及民族差异，又可分为汉满农耕文化、蒙古草原游牧文化、北方渔猎文化、朝鲜族丘陵稻作文化。

东北地域文化具有多元性、包容性、差异性等特征。东北是多民族聚居地区，例如满族、朝鲜族、汉族、鄂温克族等众多民族都聚居在东北。不同民族自然有不同的文化，构成了东北地域文化多元性的一面。近代外来移民对东北原生态文化有影响。中原文化带入东北地区，使得东北地区受到中原文化浸润。东北地区曾沦为沙俄和日本的殖民地，因此很多地区具有浓郁的俄罗斯元素和日本元素。因此，多民族、移民和侵略历史都使得东北地域文化具有鲜明的多元性。东北地域文化从原先的渔猎文化、游牧文化发展为现在的农耕文化和工业文化，都是不断吸收各类文化并融合各类文化的结果，彰显了东北地域文化的包容性。民族的差异性，导致东北区域文化具有差异性，东部地区主要是满族和朝鲜族，其地域文化特征是山地民族文化；中部地区主要是汉族，其地域文化特征是农耕文化；西部地区以蒙古族为主，其地域文化是草原游牧文化。

## 第三节 自然文化

建设人与自然和谐、相协调的生态环境，需要建立与之相适应的人与自然和谐统一的自然文化。自然文化具有制度、物质和精神形态三个层次①，制度和物质层次的自然文化相对较浅，而精神层次的自然文化则是由“人与自然和谐”的生态意识、生态哲学、生态伦理、生态教育、生态科技等共同构成的深层次文化。

“十四五”时期，我国生态文明建设的新使命是实现环境治理体系与治理能力现代化。三北地区是我国生态系统最脆弱的区域，是国家生态治理的关键区。三北工程建设期间，广大建设者在实践中发明创造了一系列治沙、治山、治水的实用技术，涌现了一批科学治沙、创新治理机制的典型。三北工程无疑是开创性的自然文化建设工程，在极大程度上丰富了我国的自然文化体系，赋予了森林文化、沙漠文化、绿洲文化、草原文化以及湿地文化新的内涵和精神。

### 一、森林文化

#### （一）森林文化的概念与特征

三北工程是我国森林文化建设的一面旗帜，由建设者们进行了有益的探索，发挥了示范和带动作用，促进了森林生态文化的兴起。学界对森林文化定义的共同着眼点即人类与森林的关系。狭义的森林文化是指与森林有关的社会意识形态，以及与之相适应的制度和组织机构、风俗习惯和行为模式；广义的森林文化是指在长期社会实践中，人与森林、人与自然之间建立起了相互依存、相互作用、相互融合的关系，并由此而创造的物质文化与精神文

① 余谋昌．生态文化论［M］．石家庄：河北教育出版社，2001.

化的总和①。

森林文化诞生于人类在森林中开展的实践活动中，具有物质和精神的综合性、时间演化的继承性、天人合一的生态伦理性以及特点分明的地域性等显著特征[20]。另外，森林文化还是具有群众性、科学性和人文性特征的文化②，这一点在三北工程建设中体现尤其明显。群众是三北防护林工程建设的中坚力量，是森林文化发展的动力。

森林文化的演化历史悠久。中国的森林文化经历了本源（殷商）、形成（殷商至汉代）、发展（汉代至20世纪80年代）和繁荣（20世纪80年代至今）四个阶段[21]。至今，森林文化已伴随人类社会的发展走过了漫长的历程。在加强生态建设、维护生态安全的全球时代背景下，森林文化在社会生产力的发展和生态建设中发挥着重要作用，可以满足人类游憩康养、科研教育、艺术创造等需求，给予人类物质文化和精神文化的滋养，培育和支撑森林的服务。

森林文化有着不同的形态。森林由于所处地域的民族差异，其衍生的文化形态也各不相同，总体上可分为四类：一是以森林树木本身为载体所表达的森林文化形态；二是以木竹材料为载体，经人类加工的各类器具设施、工艺作品等所表达的文化形态；三是形而上的、精神层面上的森林文化形态；四指以森林树木为背景，以人民生产生活为核心的民俗风情图景。

### （二）森林文化的建设与发展

三北工程的实施使得森林和自然生态得以保护与修复，对生态环境保护和社会经济发展做出了巨大贡献，推动了我国森林文化的繁荣发展。进入新时代以来，大力推进生态文明发展，加强森林文化建设是建设生态文明社会的必然要求。下一步，应继续建设和弘扬森林文化：第一，开展森林文化建设愿景目标的规划，将森林社会效益纳入森林文化建设的目标成果核算中，

---

① 屈中正，张艳红，范适．中国森林文化基础［M］．北京：中国林业出版社，2016.

② 周雪姣，李慧，苏孝同，等．中国森林文化研究现状及展望［J］．林业经济，2017，39（09）：8-15.

促进森林产业与文化、经济建设融合发展；第二，推进森林文化建设主体的多元化，以民众对森林文化的市场需求动员社会的广泛参与；第三，依托森林文化积极拓展民生林业，培养森林文化专业人才，促进民生林业发展。

## 二、沙漠文化

### （一）沙漠文化的概念与内涵

目前学界尚未对“沙漠文化”的概念达成统一意见。本文将沙漠文化理解为人类长久以来在沙漠地区所创造的一切物质产品和精神产品的总和。三北地区分布着我国的八大沙漠、四大沙地和广袤的戈壁。其中沙漠景观不仅受到自然因素长期的作用，更是在人类生产生活方式的影响下而形成。因而，三北沙漠地区呈现出了独特的人文历史底蕴，其沙漠文化融合了黄河文化、长城文化、丝路文化、胡杨精神、生态文化等多种文化形态。这些多样的文化形态共同成就了璀璨、包容的三北沙漠文化。

黄河文化。黄河给其流经的沙漠地区带来了稀缺的水资源，为当地的生产生活带来了极大便利，有助于当地发展养殖业和旅游业。

沙漠长城文化。自战国时期起，多个朝代都曾在祖国北部边防前线和边塞要地，修筑过规模不等的长城，腾格里大漠的明长城、盐池荒漠中的明长城和隋长城都具有很好的开发价值①。

沙漠丝路文化。丝绸之路围绕着塔克拉玛干沙漠周围的绿洲，形成了沙漠丝路文化。丝绸之路途经之处，不仅铸就了悠久的沙漠丝路文化，还见证了丝绸之路在茫茫大漠中的璀璨轨迹。

胡杨精神。胡杨是在与沙漠相关的文学艺术作品中常出现的意象，常用于颂扬艰苦奋斗、自强不息、扎根边疆、甘于奉献的精神。

沙漠生态文化。沙漠生态文化是人与自然和谐理念下，人类在处理与沙漠的相互关系中所形成和创造出来的一种文化现象，了解、认识沙漠生态文

---

① 陈丽．沙漠旅游文化内涵的挖掘与构建——以宁夏回族自治区为例［J］．边疆经济与文化，2013（10）：105-106.

化是正确看待沙漠价值及人与沙漠关系的重要前提。

### （二）沙漠文化的创新与发展

三北工程是我国防治沙漠化的重要举措，通过建设乔灌草相结合的防风固沙防护林体系，有效遏制了沙漠化演进。科尔沁沙地等四大重点建设区的沙化土地面积出现负增长，呈现出“整体遏制、重点治理区明显好转”的态势，为沙漠地区带来了良好的生态效益和社会经济效益。在三北工程的实施建设中，我国坚持科学治沙，走出了一条中国特色的治沙道路，实现了由“沙进人退”到“人进沙退”的历史性转变。三北工程不仅塑造了百折不挠、迎难而上的治沙精神，沙漠文化在其中也得到了创新与发展。近年来，作为中华文明跨文化传播的重要组成部分，沙漠文化被赋予了更深刻的内涵和更重要的地位，不断推进沙漠文化的创新与发展，是新时代下的必然选择。

## 三、绿洲文化

### （一）绿洲文化的概念与内涵

绿洲文化是活跃在绿洲区域的诸多民族在适应自然地理环境和气候条件下创造的、以游牧生产和生活方式为基础的生态型文化，是一种由多元因素构筑而成的开放、动态的文化①。绿洲文化是一种中西方文化汇聚，农耕文化、草原游牧文化、屯垦文化、商业文化并存，多种宗教文化辉映的多源发生、多元并存、多维发展的复合型地域文化②。

璀璨的绿洲文化诞生于中西文化交汇要道、丝绸之路必经之地，不仅是中华文化的源头之一，也深刻影响了西域其他国家和民族的发展。正是因为绿洲文化所处的特殊地理环境，以及多元融合的发展历程，使其具有诸多典型特征，包括相对的封闭性和绝对的开放性、海纳百川的包容性和兼容共生

---

① 王继青，杨绍固．新疆绿洲文化变迁述论［J］．学术界，2016（02）：197-204，328.
② 李成．多元文化整合视阈下新疆绿洲文化的传承与创新［J］．边疆经济与文化，2011（10）：50-51.

的和谐性、富有特色的民族性和宗教性、平等可贵的生命性等。这些兼收并蓄、和谐共生的特征取向，造就了绿洲文化的典型区域——新疆，也养育了绿洲文化的典型民族——维吾尔族，共同实现了西北地区的区域稳定、社会和谐、文化繁荣与经济发展。

### （二）绿洲文化的传承与发展

发展与扩大绿洲，建立高效益可持续发展的新绿洲体系，是新时代赋予的使命。自三北工程实施以来树立了一批绿洲建设的成果与典型，西北荒漠区沙化土地得到有效遏制，绿洲得到了巩固和扩大，构筑了完备的绿洲生态屏障，促进绿洲区域经济社会走上持续、快速、健康发展的轨道。

近年来伴随着全球化程度的日益加深，绿洲文化受到了西方文化的渗透及宗教文化、内陆文化的影响与冲击。与此同时，绿洲文化与以屯垦戍边精神为核心的兵团文化及色彩纷呈的各民族文化之间也形成了多元共生、和谐统一的关系。积极传承发展绿洲文化要做到：一是讲好绿洲故事。深入研究绿洲文化的发展历史和内涵，提炼绿洲文化所蕴含的思想精神与价值理念，总结宣传绿洲建设的人物事迹、成功经验等，延续绿洲历史文脉。二是打造绿洲旅游名片。制定完善保护绿洲文化的各项规章制度，依法保护绿洲遗产资源，同时开发绿洲文化特色旅游项目，发展绿洲深度游与体验游，擦亮绿洲旅游名片。三是打造绿洲文化产业。优化绿洲文化资源，建设绿洲博物馆，加快绿洲文化衍生品的开发推广，为绿洲文化产业发展增添新的内容①。

## 四、草原文化

### （一）草原文化的概念与内涵

草原文化是指各草原民族在历史长河中共同创造的一种与草原生态环境相适应的、在草原生态系统循环往复并经过草原民族长期生产活动的积淀而

① 郑彦卿．大力弘扬宁夏绿洲文化的思考［J］．新西部，2020（Z1）：100-101.

形成的特有文化①，是一种以游牧文化为主体，并融合了相关的农业文化元素的文化。综合自然地理、历史和民族文化三个标准，可以将我国草原文化分为三个文化区域：以蒙古族为主体的蒙古高原型草原文化，以藏族为主体的青藏高原型草原文化和以哈萨克族为主体、以新疆为核心地区的广大山地—荒漠型草原及山地—绿洲—荒漠型半农半牧型草原文化②。

草原文化内涵丰富、特色鲜明，其精神核心包括三个基本要素：一是自强不息、勇敢拼搏、奋发图强的精神；二是宽厚包容、团结共赢的精神；三是尊重自然、追求人与自然和谐相处的精神。从草原文化丰富的精神内涵中，可以发现其具有四大特征：地域特征即鲜明的民族性，生态特征即崇尚自然，文化特征即开放进取、充满活力，伦理特征即讲究诚信、崇拜英雄。“天人合一”的自然观是草原文化的精髓之一。这种自然观在各个历史时期草原民族处理人与自然的关系过程中都具有重要的指导意义。在新时期，“天人合一”的自然观对促进生态建设实践仍有借鉴意义。

### （二）草原文化的弘扬与发展

三北工程通过四十多年的持续建设，在林草植被恢复方面取得了阶段性重大成效，区域内林草植被覆盖度总体呈波动增长趋势。在全面巩固和保护现有工程建设成果的基础上，草原的保护修复将是三北工程下一步的建设重点之一。

三北工程赋予了草原文化新的内涵。在新时期仍需对草原文化开展深入研究，继承和弘扬草原文化的精神内涵，促进草原文化发展。首先，完善草原文化相关的政策法规和体制机制，制定推动草原文化健康、有序、可持续发展的规划方案。其次，积极搭建草原文化传承创新的载体或平台，打造一批以节庆活动、文化生态保护区、文化遗产保护日等为代表的文化传承、展示和发展的平台。最后，构建有利于创新人才成长的良好环境，加强文化人

---

① 韩建民．中国草原文化传承与草地资源保护［J］．甘肃社会科学，2018（06）：39-46.

② 胥刚，任继周，韩建民，等．中国畜牧业文化遗产的区域划分及其简要特征［J］．中国农史，2015（02）：131-136.

才队伍建设，为草原文化的传承创新提供人才支撑。

## 五、湿地文化

### （一）湿地文化的概念与特性

湿地作为地球生命系统的核心，同时也是人类文明的摇篮。而人类在长期同湿地的相互作用中积累了丰富的物质财富和精神财富，形成了湿地文化。目前对“湿地文化”尚无确切的定义，本文将湿地文化理解为人类在依托湿地生存和生活，以及在进行社会生产实践活动过程中所创造的物质财富和精神财富的总和①。

湿地文化内涵丰富，其基本特性体现在生态性、人文性、民族性、地域性和独特性这五大方面。一是生态性，指湿地的生产功能可以维持整个地球生命支持系统的稳定，满足人类生存需要，协调人与自然的关系，使湿地成为人类最适宜和最重要的生存环境。二是人文性，指以湿地为生存载体所表现的人类精神文化。湿地的人文性在文化作品中有所体现，如我国古代的诗歌、绘画，现代的文学和影视作品等。三是民族性，指各民族在不同的历史背景和湿地生存环境中留下了自己的民族印记，如宗教、风俗以及生产生活方式，使该地区的湿地文化具有不同的民族特征。四是地域性，指在不同地域分布着不同的湿地类型，从而产生了具有差异的地域湿地文化，主要体现了这一地域的地理气候特征。五是独特性，指湿地中的许多生物表现出鲜明的独特性，如湿地中的丹顶鹤，具有很高的审美价值，是独特、不可替代的②。

### （二）湿地文化的保护与发展

三北工程积极开展湿地恢复重建工作，扩大了湖泊、湿地面积，打造了优美的湿地景观环境，因地制宜地建设了324个国家湿地公园，为周边群众

① 马广仁．中国湿地文化［M］．北京：中国林业出版社，2016：6.

② 孙磊，王永洁，毕明岩．湿地文化发展刍议［J］．青年与社会，2013（06）：247.

提供了良好的生态服务。优秀的湿地文化对湿地保护建设具有重要的导引和支撑作用。三北工程中的东北、华北地区分布着一定面积的湿地。加强湿地文化的保护、传承与利用，有助于地区生态文明的发展。

要坚持可持续利用三北地区的湿地资源，传承湿地文化传统，不断挖掘湿地文化内涵，发挥湿地文化在生态建设和促进社会发展中的重要作用。首先，应制定和完善湿地文化相关政策法规，从保护、利用、管理、传播、教育等多个方面提出普遍性的指导原则，指导地区从不同的层面对湿地文化加以重视、重新审视以及促进其发展。其次，开展湿地科学文化的研究与教育，积极支持湿地专项科研项目，举办各种主题鲜明、形式多样的湿地科普教育、科技实践活动，强调湿地自然体验以及活动过程中的参与互动。最后，重视湿地文化的保护宣传工作，增设湿地文化宣传窗口，创新湿地文化宣传形式，积极利用博物馆、纪念日、文化节、展示会等多渠道多平台进行湿地文化的传播和宣扬。

## 第四节　资源禀赋与人文环境

资源是文化的载体，人类创造的一切文化都源于环境资源。生态文化的内涵包括“生态环境”与“地域人文”。生态环境是生态文化的物质基础，资源禀赋则是生态环境的重要载体。

### 一、文化基础

生态环境与人类文化之间存在着必然关系。文化是一个民族对所处的自然环境和社会环境的适应性体系，而生态文化是一个民族在适应、利用和改造环境的过程中所积累和形成的对生态环境的适应性体系。生态文化突出了人与生态环境的关系，对人类思维意识、价值观念和行为方式带来了积极的影响，使人们从生态系统的角度去思考观察人与自然环境的关系，寻求人与自然之间的稳定与协调。生态文化实质上就是一个民族在适应、利用和改造环境资源及其被环境改造的过程中、在文化与自然互动关系的发展过程中所形成的知识和经验。

三北工程区囊括了全国13个省份，多样化的地质地貌、气候水文、森林土壤等环境资源，促使其在历史的发展中形成了多元化的地域文化、民族文化和土著文化。

## 二、自然资源

### （一）森林与植被——三北地区森林文化基础

三北工程是我国最早启动、建设期最长的林业重点工程，见证了人们对森林生态功能认识的不断深入。随着工程的不断建设，建设生态经济型防护林体系的指导思想被提出，以期实现生态效益和经济效益双赢。这种建设思路的调整，使森林文化开始逐步走向了多元化。

森林文化涵盖了人们对森林的情感、观念、习俗，这在生态文明建设中具有重要作用。不同区域的绿化蕴含森林文化的个性也不同，特定的区域有特定的文化要求，造林绿化就是基于这种要求，建设与之和谐匹配的林相，以反映独具个性化的森林文化。

1. 三北地区森林物质文化

为全面贯彻绿色新发展理念，三北工程区通过40多年的持续建设，在林草植被恢复、水土流失和沙化土地治理、农田防护林建设等生态修复方面取得了阶段性重大成效。经过40多年的防护林工程建设，三北工程区的森林林种结构发生了很大变化。五期工程各建设区域中，西北荒漠区与风沙区的灌木林低覆盖度的比例较高，林草植被覆盖度总体呈波动增长趋势，其中，林草植被覆盖度总体呈增加趋势。从空间上来看，林草植被覆盖度呈现东南高、西北低的总体格局，主要山脉周边及绿洲（新疆部分地区）也呈现出较高植被覆盖度。

2. 三北地区森林精神文化

“三北”风沙、干旱地区的气候除大气环流因素外，在很大程度上是几千年毁林开荒，破坏了自然界生态平衡的结果。到1975年底，风沙区造林保存面积2800多万亩，黄河中游水土流失重点县造林保存面积2100多万亩，对制止当地的风沙危害、保持水土起到了一定作用。但因地域辽阔，黄河中游水土流失重点地区的森林覆被率仍然只有5%，大部分风沙区的森林覆被率更在1%、2%以下。

3. 技术领域的森林文化

技术推广方面，20世纪80年代时，我国推广应用了抗旱造林技术，使造林成活率提高了23%，同时，突破了年降雨量200毫米以下不宜飞播的禁忌。进入20世纪90年代，我国按照不同类型区，组装配套系列综合技术措施，建设科技试验示范区，探索总结治理模式，同时设立了科技进步推广奖，调动了广大科技工作者推广的积极性，提高了工程质量。进入四期工程后，我国总结推广应用了100多种造林模式，并按照功能布局需要在三北地区推广生态防护型、生态经济型、生态景观型防护林建设。从2004年开始，我国有针对性地选择技术成熟、推广价值高、示范带动作用明显的关键技术进行推广和应用。进入五期工程后，我国不断采用最新技术成果，把现有技术优势集成、组装配套，按照不同地域类型区，建立一批代表性强、辐射面广、类型齐全、效益显著的综合示范点。

### （二）地貌与土壤——三北地区沙漠—绿洲文化基础

沙漠生态文化是生态文化的组成部分，是人与自然和谐理念下人类在处理与沙漠的相互关系中所形成和创造出来的一种文化现象，是人与沙漠之间建立的相互依存、相互作用、相互融合的关系，以及由此创造的物质文化与精神文化的总和。当人类开始反思人与自然的关系、人与沙漠的关系的时候，人类应该以什么样的观念、态度、行为对待沙漠的时候，意味着需要建立新的文化形式，沙漠生态文化就是这样一种新的文化形态，或者说是沙漠文化的现代形态。

1. 三北地区沙漠物质文化

中国三北地区根据地质构造、地形地貌等特征，划分为3个大的地质构造地貌系，即西部盆地—山地构造地貌系、中部高原—谷地构造地貌系和东部低山—沉降平原构造地貌系。

秉持着生态环境建设理念，三北工程建设40多年来，工程区内水土流失的面积在逐渐减少，侵蚀强度在减弱，水土流失得到有效控制。三北工程通过种植水土保持林来防风固沙、防治水土流失，从生态文化理念到生态建设实践，获得了巨大的修复成就，大部分地区的土壤条件明显改善，带动了三北地区的经济社会发展。根据历次全国荒漠化和沙化监测结果，三北工程区沙化土地面积表现为由扩大转为缩减的逆转态势。

2. 三北地区沙漠精神文化

基于三北地区的沙化土地和荒漠化的土壤条件，我国提出的生态环境建设成为了三北工程主要的建设重点。生态环境建设旨在保护和建设好生态环境，实现可持续发展的战略决策，主要通过开展植树种草、治理水土流失、防治荒漠化、建设生态农业等方式，建设祖国秀美山川。

建设生态环境，实质上就是要建设以资源环境承载力为基础、以自然规律为准则、以可持续发展为目标的资源节约型、环境友好型社会，实现人与自然和谐相处、协调发展。在新的发展阶段，加快推进生态文明建设，是深入贯彻落实科学发展观的内在要求，是完善我国社会主义现代化建设总体布局的重大部署，是加快转变经济发展方式的必由之路，是全面建设小康社会的重要内容，是为当代人民乃至子孙后代谋福祉的战略举措。全国上下一定要从全局和战略的高度，进一步统一思想、提高认识，切实增强推进生态文明建设的紧迫感和责任感。

### （三）气候与水文——三北地区湿地文化基础

三北防护林工程区气候类型属北温带大陆性季风气候，就全国范围而言属于少雨区，气候干旱。大部分属于干旱、半干旱及半干旱半湿润气候区，受夏季风的影响较小，海洋湿润气流被山岭阻挡，难以深入。

三北防护林工程的生态系统功能集中于治理沙化土地、抵御风沙侵蚀、保护农田和恢复牧场等方面。在气候暖干化背景下，三北防护林工程区将面临干旱面积扩大、荒漠化程度加剧、区域植被逆向演替以及现存防护林在气候变化的干扰下衰退的风险。三北工程区森林通过蒸腾作用，增加空气湿度，同时吸收周边热量而降低区域温度，可为区域社会经济活动提供更为舒适的环境。

### （四）土地与劳动力——三北地区地域文化

三北工程建设 40 多年来，各工程区把生态治理同地方经济发展结合起来，培育了一批特色优势林下经济产业，促进了地方经济发展和农民增收。随着生态环境的改善，生态旅游取得了巨大发展，初步形成了以森林公园网络为骨架，湿地公园、沙漠公园等为补充的生态旅游发展新格局。通过三北工程的实施，各工程区结合区域自然资源的优势，因地制宜建设森林公园、湿地公园和沙漠公园，营造优美的景观环境，为周边群众提供了良好的生态服务，生态旅游效益明显。

三北工程建设坚持以生态林业为基础，将兴林与富民紧密结合，推进了生态林业与民生林业的协调发展，促进了区域农村产业结构调整，通过将三北工程建设与当地特色产业相结合，使当地特色产业成为农村经济新的增长点，有效提升了林业特色产业价值和效益，提高了群众收入，有效促进了贫困人口的脱贫。

## 三、人文环境

三北地区自古以来环境复杂多样、气候敏感多变，各区域文化的发展深受自然环境及其演变过程的制约，从现存的文物古迹、非物质文化遗产和传统民族村镇出发，以史为鉴，对三北防护林工程的健康发展有一定的启示和引导作用。

三北地区是少数民族聚集区，同时也是自然灾害最严重的地区，生态环境逐渐恶化，是对中华民族的生存和发展构成严峻挑战的生态区域。因此三北防护林工程建设是实现各民族共同繁荣的战略需要，是新时代各民族人民为改善生态环境、创造美好生活的伟大工程，是各民族人民再团结、再融合的历史过程。在三北工程建设中，各地区在改善少数民族区域生产生活生态环境，提高各族人民生产生活水平，促进文明建设和经济社会可持续发展方面，进行了积极的探索与实践，取得了可喜的生态效益、社会效益和经济效益。

## 四、区域经济

三北地区产业发展势头良好，2019 年三北地区生产总值 216 706. 5 亿元，占全国的 21. 97%。在我国区域经济发展过程中，华北地区具有明显的竞争优势，改革开放以来，西北地区经济取得突飞猛进的发展，经济总量持续扩大，产业结构不断优化，新产业新动能加速成长，外向型经济发展壮大，人民生活水平显著提高。随着生态环境的改善，三北地区生态旅游取得了巨大发展，初步形成了以森林公园网络为骨架，湿地公园、沙漠公园等为补充的生态旅游发展新格局。

## 五、建设背景

由于人类活动对自然生态环境产生了巨大的影响，干旱、风沙危害和水土流失导致的生态灾难，严重制约着三北地区经济和社会的发展，对中华民族的生存和发展构成严峻挑战。党的十八大以来，习近平总书记多次深入三北各省区考察，对加强三北防护林、推进生态工程、筑牢国家生态安全屏障作出许多重要指示。2018 年，在三北工程建设 40 年之际，习近平总书记对三北工程建设作出重要指示，强调“三北工程建设是同我国改革开放一起实施的重大生态工程，是生态文明建设的一个重要标志性工程……要坚持久久为功，创新体制机制，完善政策措施，持续不懈推进三北工程建设”。2023 年 6 月，习近平总书记在内蒙古自治区巴彦淖尔市考察，主持召开加强荒漠化综合防治和推进“三北”等重点生态工程建设座谈会并发表重要讲话。他强调，加强荒漠化综合防治，深入推进“三北”等重点生态工程建设，事关我国生态安全、事关强国建设、事关中华民族永续发展，是一项功在当代、利在千秋的崇高事业。要勇担使命、不畏艰辛、久久为功，努力创造新时代中国防沙治沙新奇迹，把祖国北疆这道万里绿色屏障构筑得更加牢固，在建设美丽中国上取得更大成就。

## 六、战略意义

三北工程揭开了我国大规模推进植树造林（绿色发展）和生态建设的序

幕，反映了三北地区各族人民对改善生态环境、发展区域经济、实现脱贫致富的迫切愿望，体现了党中央对国家中长期发展目标的战略部署，代表了中华民族的根本利益。

三北工程是维护国家生态环境长治久安的根本大计。三北区域是我国生态系统最脆弱的区域，是国家生态治理的关键区。建设三北防护林体系，因地制宜、因害设防，大规模构建以森林为主体的绿色万里长城，充分体现了党中央建立北疆重要生态安全骨架，防风阻沙固沙、蓄水保土，从根本上扭转区域生态环境恶化的局面，筑牢国土生态安全的根基，力保国家生态环境长治久安的决心和战略部署。

三北工程是促进民族团结和边疆稳固的重要举措。三北地区是多民族聚居区，聚居着汉、回、蒙古、满、维吾尔等22个民族，总人口1.67亿。由于生态环境的变迁、恶化以及复杂的历史原因，一些少数民族地区发展底子薄、途径少，群众生活困难，给当地社会安定、民族团结和国防安全带来隐患。此外，三北工程区内还分布着国家重要的国防基地，战略地位突出。因此，建设三北防护林体系，对增强民族团结、实现各民族共同繁荣以及维护国家安全、巩固国防建设具有重要的战略意义。

三北工程是实现人与自然和谐共生的战略选择。通过三北工程建设，大力培育生态经济资源，构筑完备的绿洲生态屏障和健全的农田防护林网，遏制沙化土地扩展，治理水土流失，这将巩固和扩大绿洲，会大幅提高农田和牧场生产力，助力发展绿色生态产业，加快沙区、牧区和农区群众脱贫致富的脚步，促进人与自然和谐共生。

三北工程是促进经济社会可持续发展的战略需要。三北地区恶劣的生态环境严重地制约了区域社会经济发展，影响了农民脱贫致富。建设三北工程不仅对促进当地的经济社会发展、早日实现农民脱贫致富具有非常重要的现实意义，而且对促进我国国民经济社会可持续发展具有战略意义。

# 第二章

## 条修叶贯　叶茂枝繁

（三北工程生态文化的体系）

在2018年三北生态林防护体系工程建设40周年总结表彰大会上，习近平总书记作出重要指示，强调“要坚持久久为功，创新体制机制，完善政策措施，持续不懈推进三北工程建设，不断提升林草资源总量和质量，持续改善三北地区生态环境，巩固和发展祖国北疆绿色生态屏障，为建设美丽中国作出新的更大的贡献。”① 这一重要指示为三北工程生态文化体系建设提供了根本遵循。

三北工程是我国生态文明建设的一个重要标志性工程，也是一项生态文化建设的示范工程。回顾三北工程40多年的建设，始终秉持新发展理念，取得了显著的生态、经济、社会和文化效益，体现了生态文化建设对三北工程实施的巨大的推动作用。

在系统、全面总结40多年三北工程生态文化建设成果、经验的工作基础上，我们从文化渊源、文化基础、文化理念、文化体系、文化创新、文化应用、文化特色、文化成果等方面，对三北工程生态文化体系进行深入研究和整体阐释，形成生态文化建设的创新成果，具有十分重要的理论意义和现实意义。

党的十八大以来，以习近平同志为核心的党中央砥砺奋进，推动实现第一个百年奋斗目标。2021年，我国贫困人口全部脱贫，全面建成小康社会，开启了建设社会主义现代化强国和实现中华民族伟大复兴中国梦的新征程。

---

① 习近平对三北工程建设作出重要指示强调：坚持久久为功，创新体制机制，完善政策措施，巩固和发展祖国北疆绿色生态屏障［N］．人民日报，2018-12-01.

2018年，习近平总书记在全国生态环境保护大会上发表重要讲话，提出要“构建生态文明体系”，强调构建生态文化体系、生态经济体系、目标责任体系、生态文明制度体系、生态安全体系等五大体系。他提出“加快建立健全以生态价值观念为准则的生态文化体系”。

在生态文明建设不断深化的过程中，生态文化体系的内容不断得到充实与完善，形成了不同景观类型的生态文化、地域性的生态文化以及不同学科类型的生态文化。这些理论和实践成果，为三北工程生态文化体系提供了广阔的研究背景和重要的参考借鉴。

## 第一节　相关研究概述

### 一、不同景观类型的生态文化

我国生态景观齐全，地形地貌完备，兼具森林、湿地、海洋等生态系统，根据这些不同景观类型，可以将生态文化分为森林生态文化、湿地生态文化和海洋生态文化。目前，专家学者对不同景观类型的生态文化已有较深入、系统的研究，为三北工程生态文化体系建设的研究提供了借鉴。

#### （一）森林生态文化

《国有林场改革方案》的基本原则包括：“森林是陆地生态的主体，是国家、民族生存的资本和根基，关系生态安全、淡水安全、国土安全、物种安全、气候安全和国家生态外交大局。”《国有林场改革方案》还强调“保护森林和生态是建设生态文明的根基”。由此可见森林在生态文明建设中占有重要地位。“森林文化”是一个舶来词，最早出现在德国。德国林学创始人柯塔认为：森林培育了德国的文化、科学和国民精神。森林生态文化是人类在长期使用、砍伐、保护、修复森林的实践中逐渐形成和发展的文明成果，是社会历史产物，其本质和精髓是人与自然和谐共处。目前，我国对森林生态文化的研究虽有一定成果，但还是比较欠缺，主要集中于国家森林公园建设过程的森林生态文化研究，缺少具有针对性、典型性的地域特色森林生态文化研究。三北防护林工程是以植树造林、涵养水源为主要目的和首要任务的工程，森林是三北工程的重要因素。正确处理人与森林关系、培养森林生态文化是三北防护林工程生态文化体系研究的重要内容。

### （二）湿地生态文化

湿地是“地球之肾”，对人与自然物质交换、新陈代谢至关重要。中国的湿地面积6600多万公顷，约占世界湿地面积的10%，可分为滨海湿地、河流湿地、湖泊湿地、沼泽湿地、人工湿地五大类。我国分布着众多典型的湿地地貌，黄龙、九寨沟、三江并流、西湖、红河哈尼梯田既有珍贵的湿地资源，也蕴含着丰富的生态文化。红河哈尼梯田的湿地生态文化建设是我国湿地生态文化建设的典型代表，被誉为“真正的大地艺术”。哈尼人创造出的“江河—森林—村寨—梯田”四度同构、人与自然高度融合、良性循环、可持续发展的湿地生态系统，已被列入非物质文化遗产，是生态文化建设的成功范例。三北防护林工程在涵养水源、保持水土的过程中，始终注重开发水资源，解决干旱问题。湿地建设是三北工程的重要内容之一。三北地区干旱、多风沙的气候特征，使得湿地在三北地区成了一道独特而又珍贵的自然景观。既让三北湿地生态文化建设更加艰难和具有挑战性，同时也使建设者更加坚韧和顽强。

### （三）海洋生态文化

人类居住的地球，2/3的面积是海洋，海洋与人类是“物我共生”的生命共同体。作为最大的生物质资源宝库、能源储备基地和贯通世界的交通命脉，海洋是当今地球上人类尚待开发的最后空间和战略要地。近几年来，随着我国探海技术的不断发展，我国对海洋空间探索的步伐不断加快，学术界对海洋生态文化的研究更深入、更成体系化。江泽慧①认为，海洋生态文化正是以其人与自然的和谐为本质内涵，具有相融性、包容性和共享性，顺应新

① 江泽慧．海洋生态文化：民族复兴的内生动力［N］．人民政协报，2016-9-1（005）．

时期海洋战略的大趋势；不同于“自然中心主义”“人类中心主义”，更与工业文明范式下征服海洋、掠夺海洋、称霸海洋、弱肉强食的殖民文化理念有本质区别。在生态文明范式下，引导人类认知海洋、顺应海洋、善用海洋、海陆一体和谐发展、合作互利共赢，是海洋强国的内生动力与共建和平海洋世界的重要支撑。海洋生态文化是21世纪人类对“人—海洋”关系的新认知。

## 二、不同地域性的生态文化体系

我国幅员辽阔，地理面积大。根据地区的特色和相关性，在长期的发展中规划出不同的经济带和省份联合发展区域。这样地域性的经济联合包括京津冀地区、长三角地区和粤港澳大湾区等，依托于这些经济建设区域，也逐渐发展出一批特色鲜明的地域性生态文化体系。

### （一）京津冀生态文化

京津冀区域一体化是共性与个性相得益彰，引领与辐射相辅相成的一体化，不仅在经济上相互促进，更是在生态方面协同共进。构建京津冀生态文化体系是破解三地生态难题的关键，也是实现三地协同发展的内在要求。从自然资源富源的程度来看，北京自然保护区面积较大，天津多湿地，河北森林覆盖率较高；从自然资源的使用和消耗来看，天津、河北对能源的消耗要远高于北京；在生态环境保护方面，京津冀三地的优越性呈依次递减趋势。北京生态文化发展水平高于津冀。河北不论是经济社会发展还是生态文化建设都处于相对落后的水平，有待于进一步加大建设力度，缩小与京津地区的差距，促进京津冀生态文化协同发展。三地政府要加强交流对话，共同协商引领京津冀生态文化体系建设。三地的媒体应加强宣传引导，形成人人参与生态文化体系构建的良好社会氛围。另外，三地应充分发挥地区大学和社会组织优势，吸引更多的公众力量参与到生态文化建设中来。

### （二）长三角生态文化

2019年5月，习近平总书记主持召开中央政治局会议，作出了把长三角一体化发展上升为国家战略的重大决策。以上海为中心的长三角城市群是我国开放程度最高、最有经济活力的地区，有世界第六大城市群之称。同时，这个地区也是高度重视生态文明建设、发展和培养生态文化的地区之一。目前，长三角地区已经加快了构建生态文化示范区的步伐。2019 年 12 月，以上海为首的“一市三省”生态文化协会及其主管部门，在东滩举办“长三角生态文化与乡村振兴”专题论坛，专门讨论自觉提升文化软实力，以实际行动构建长三角生态文化示范区的重要举措。目前，长三角地区结合各省市文化特色，正在构建以上海市为中心，以江苏省、安徽省、浙江省为重点的“一市三省”生态文化示范区。

（三）粤港澳大湾区生态文化

绿水青山就是金山银山。良好的生态环境是粤港澳大湾区高质量发展的重要保障。2019 年，《粤港澳大湾区发展规划纲要》（简称《规划》）出台。《规划》要求，粤港澳三地要牢固树立和践行绿水青山就是金山银山的理念，像对待生命一样对待生态环境，实行最严格的生态环境保护制度。2019 年两会上，有委员提出了建设粤港澳大湾区国家生态文明示范区的提案，支持粤港澳大湾区建设国家蓝天保卫引领示范区、建设“无废试验区”等，形成绿色科技创新意识不断加强、绿色环保意识不断增强、绿色生产方式和生活方式不断形成的生态文化氛围。事实上，粤港澳三地合作进行生态环境保护、共同营造美丽环保的生态文化已有多年历史。2002 年 4 月，粤港两地政府发布《改善珠江三角洲地区空气质素的联合声明（2002—2010）》，双方共同制定并实施我国第一个跨境大气质量管理计划；2014 年 9 月，粤港澳三地环保部门共同签署《粤港澳区域大气污染联防联治合作协议书》，商定三方共同运行维护和优化完善粤港澳珠三角区域空气监测网络。在三地协同努力下，深圳河两岸出现一片繁茂的红树林，举世瞩目的港珠澳大桥在建造过程中创造了中华白海豚“零伤亡”、生态环境“零污染”的工程奇迹，如今还可以看到野生中华白海豚跃出水面的场景。

## 三、不同形态的生态文化体系

生态文化体系内容丰富多元、立体系统，涵盖生态文化建设的方方面面。中国生态文化协会分别从纵向和横向两个维度对生态文化进行了分类，纵向上看，大体可分为物质、精神、制度、行为四个层面；在横向上可分为森林文化、湿地文化、环境文化、产业文化、城市文化等。在中国生态文化协会的分类体系中，生态文化内容的纵向和横向维度是相互重叠交叉的，比如森林文化包括物质层面的森林、行为层面的植树造林活动、制度层面的森林法和制度以及森林精神美学和哲学。如下图：

| | 森林文化 | 湿地文化 | 环境文化 | 生态文化产业 | 生态城市文化 |
| --- | --- | --- | --- | --- | --- |
| 物质层面 | 森林 | 河流、湖泊、人工湿地 | 海洋、大气、大地 | 农田、工厂、企业 | 城市 |
| 行为层面 | 植树造林 | 湿地保护与修复 | 环境保护 | 产业活动 | 城市生产与消费 |
| 制度层面 | 森林法、条例、政策 | 湿地保护条例 | 环境保护法政策 | 循环经济法律政策 | 城市规划 |
| 精神层面 | 森林美学、哲学 | 湿地哲学、价值观 | 环境哲学、环境价值论 | 可持续发展理论 | 城市哲学、城市美学 |

来源：中国生态文化协会

### （一）物质生态文化

物质层面的生态文化主要是指人类在一定生态理念和价值观的指导下，通过行为实践活动作用于自然对象产生的一切物质文化成果，包括生态产业、生态社区以及各种森林公园、自然保护区、野生动物区等。物质生态文化要求进入21世纪，人类必须改变传统的对自然掠夺式的开发，积极探索生态技术、发现新能源，在生产和建设中达到无废化生产的目标。同时，在消费端提倡消费者理性、适度消费，形成崇尚自然、追求健康的消费心理。物质生态文化侧重的是自然界为人类生存和发展提供物质基础的功能，物质生态文化是整个生态文化体系的基础，为其他维度生态文化的建设提供物质保障和动力支撑。

### （二）精神生态文化

精神层面的生态文化主要是指人们对自然以及人与自然关系认知的总和。从学科分类上来看，它包括生态哲学、生态美学、生态伦理学等。这种精神生态文化要求摒弃西方机械的人类中心和非人类中心主义理念，构建人与自然的和谐关系。从时代发展和精神生成的角度看，它还包括人们在长期生态文明建设的实践中形成的不服输、顽强拼搏、尊重自然、爱护自然等宝贵精神。例如，“三北精神”就是三北人在“三北工程”中凝聚的，以“艰苦奋斗、顽强拼搏、团结协作、锲而不舍、求真务实、开拓创新、以人为本、造福人类”为主要内容的时代精神。在“三北精神”的凝聚和引导下，必然会赢得三北防护林工程建设这一生态和环境工程战役的胜利。精神生态文化是催化剂，是激励和指导人们形成正确生活方式和生产方式的精神力量。

### （三）制度生态文化

制度层面的生态文化是指与生态相关的所有法律、法规、政策、组织机构的总和，体现的是通过集体公约对生态环境的制度性保护和对人类非生态行为的强制性约束与管控。强化制度生态文化建设的重要前提是党和政府加强生态文明建设的顶层设计和政策推动，完善法律法规。党的十八大以来，以《中华人民共和国宪法》为核心，以《环境保护法》为主体，以各地方、部门法律法规为基础的环境保护法律体系得到进一步完善，最严格的制度、最严密的法治建设使生态文明基本成为全社会的共识，制度生态文化建设获得重大进展。

### （四）行为生态文化

行为层面的生态文化主要是指以自然为对象的人们生产、生活方式的总和。行为生态文化是衡量人们生态意识和价值观念的关键，是生态文化的具体表现形式和现实性演进。目前，我国学术界对行为生态文化的研究主要集中在某一地区或某一民族的行为上，如对蒙古族传统行为文化中的生态保护思想的研究、黔东南民族地区先民为了适应当地独特的自然环境所创造的丰富生态文化，也影响着当地村民的日常行为等。此外，还有强调个人的生态自觉和生态素养等方面的表述。

## 第二节 基本概念

三北防护林工程生态文化体系是我国生态文明体系建设的一部分，是支撑三北地区生态文化建设和实践的主体系，在提升生态价值观、生态伦理观、生态发展观等生态文明核心理念的基础上，丰富了三北地区的物质和精神文化，满足了三北地区广大人民群众对生态文化的需求。

三北防护林工程生态文化是围绕三北工程建设的一种崭新的文化，是中国人民主动选择的先进文化。1978 年，为了改善生态环境，中国政府经过详细论证和设计，做出了进行三北防护林建设的重要决定，并将其列为国家经济建设的重要项目。如今，40 多年过去了，三北防护林不仅成为保障我国北方的“绿色长城”，更重要的是，以三北防护林工程区作为核心，生态保护已经深入人心，辐射到全国，极大提升了中国人民的生态保护意识。

这是一个超大体量的选择：涵盖了我国超过 95%的风沙危害区和超过 40%的水土流失区，涉及东北、华北、西北 13 个省区市 559 个县（旗、区、市），总面积 406.9 万平方千米，占中国陆地面积的 45%。这是一个跨越几代人的选择：工程规划期从 1978 年开始，到 2050 年完成，长达 73 年。这样的大型人工林业生态工程不仅在中国历史上是划时代的大事，其规模、时间跨度和参与人数在全球也是无与伦比的。这项工程是对中国人民道路自信、理论自信、制度自信、文化自信的弘扬和彰显，也是对世界生态文化建设的巨大贡献。

三北防护林工程生态文化作为中国生态文化体系的一部分，是三北地区建设生态文明过程中创造的物质、精神和制度文化的总和，是中国应对水土流失、环境污染等生态危机时做出的选择。三北工程生态文化既是对传统的继承和发展，又具有鲜明的当代特色，还有着对未来的深刻关切，在中国生态文化的制度层面、物质层面和精神层面引发了一系列革命性的变化。

人类发展的历史和现实，反复证明了人类文明与人类环境的辩证关系。在遭遇了一次又一次惊心动魄的生态灾难之后，人们开始意识到，物质文明的每一次进步都是不同程度的以破坏自然环境为代价；深刻地认识到，人类的发展应该是人与社会、人与环境、当代人与后代人的协调发展。人类的发展不仅要讲究代内公平，而且要讲究代际公平，不能以当代人的利益为中心，甚至不能为了当代人的利益牺牲后代人的利益。生态文化的产生是时代的必然，是人们对工业文明进行反思的结果。生态文化是生态文明时代的产物，是以生态价值观为指导的社会意识形态、人类精神和社会制度的总和，代表着人类新的生产方式，即人与自然和谐发展的生产方式。①

三北防护林工程生态文化是以三北防护林工程为基础的文化。三北防护林工程是一项典型的，以生态价值观为指导，以实现可持续发展、建设人与自然和谐社会为目标的生态工程，在物质、精神、制度等方面形成了自己独特的生态文化体系。首先，“三北防护林”从名称上看，聚焦于“防”和“护”，防的是风沙和水土流失，护的是农田和生态环境。中国基于北温带大陆性气候，得以发展出以农业为主体的定居文化。在故宫两侧，左为太庙，右为社稷坛，太庙祭祀祖先，象征着生命的繁衍和承续；社稷坛祭祀土地和五谷之神，因为“民以食为天。”以重农、定居为基础的、以农为本的生活和文化特色，既是对中国特殊的地理环境、气候特点和人口发展的适应，也是巩固政治权力、实现社会安定的策略。中国历经几千年的农业文明有着辉煌的历史和丰厚的积累，不仅对供养生活在中华大地的人类做出了巨大贡献，以不到世界总面积5%的耕地供养了超过世界25%的人口；中国农业文明传播到世界其他地方，也为世界农业的发展做出了巨大贡献。但是，耕地扩展和人口的发展逐渐产生了人与土地、人与自然之间的不平衡关系，20世纪由于战乱、过度垦牧等人与土地、人与自然之间的关系更加恶化，造成了严重的生态问题，也反过来制约和影响了农牧业的进一步发展。三北区域曾是人地冲突最严重的地区，是我国生态系统最脆弱的区域，也必然是国家生态治理

---

① 余谋昌．生态文明论［M］．北京：中央编译出版社，2010.

的关键区。在这里，农耕文化与森林、草原文化互相冲突、互相妥协、互相融合，构成了我国三北防护林工程生态文化发展的历史基础。40 多年的三北工程建设，造就了今天的三北防护林体系。它已经成为护卫我国北方重要的生态安全骨架，防风阻沙固沙、蓄水保土，从根本上扭转了区域生态环境恶化的局面。如今，三北防护林已经成为保护生态环境，维护国家长治久安的绿色长城。

其次，三北防护林工程生态文化所包含的不仅有我们赖以生存的大自然，还有三北地区传统的、丰富多样的民族文化。我国地域辽阔、民族众多，自然地域和民族习俗的多样性，构成了我国生态文化的多元性。三北地区是多民族聚居区，主要聚居着回、蒙古、满、维吾尔、哈萨克、鄂伦春、塔吉克等少数民族。根据 2010 年第六次全国人口普查资料，三北地区的少数民族人口约 4 亿，占同期全国少数民族总人口的 35.66%。除了传统的农耕文化、游牧文化、草原文化、森林文化外，还有独具特色的华北皇家园林文化、西北的荒漠文化、东北的湿地文化和恐龙化石文化等。三北地区的文化不仅具有多元的特征，还有着凝聚了中华民族精神财富的世界历史文化遗产、国家和民族的象征和人类艺术的瑰宝。这些珍贵的自然和人文资源不仅蕴藏着丰厚的物质和精神财富，还具有独特的生态、历史文化和科教审美价值，使三北防护林工程生态文化体系色彩丰富、特色鲜明。

最后，三北防护林工程生态文化不是一个局部和地方性的概念。21 世纪以来，西方学术界也对人地关系，或者人与自然的关系进行了反思，提出了“土地伦理”“环境正义”等新概念和新思想。许多国家在应对全球气候变化和环境危机的过程中，也采取了一系列与中国的三北防护林工程政策相类似的举措。如今，以实现人地平衡、人与自然和谐相处的三北防护林工程及其他生态修复活动已经成为影响世界生态环境的有机部分。在人地关系越来越受到全球关注的今天，三北防护林工程生态文化既是对中国传统生态文化的传承和保护，同时也为世界环境和生态文化建设做出了很大贡献。在人类命运以及各种生命无法孤立发展的今天，三北防护林工程生态文化自然无法与全球化的世界环境保护和生态文明建设目标割裂，故而成为全球命运共同体生态文化的重要组成部分。

## 第三节　内涵特点

40多年来，在生态文明建设的大框架下，三北防护林工程生态文化有体系、有重点、有层次，全方位地从物质、精神和制度三个内涵层面进行了建设。从物质层面看，它具有可持续发展的内涵；从精神层面看，它具有深刻的生态伦理的内涵；从制度层面看，它是对全面性和整体性内涵的体现。可见，三北防护林工程生态文化首先是一种务实的文化，以改善民生为目标，既注重三北区域性发展，又关切全球的可持续发展，同时，在思想上强调人与自然的和谐发展，在尊重自然、继承中华优秀传统文化的基础上，承前启后地弘扬生态智慧，提升生态伦理。

### 一、以民为本——可持续发展的物质内涵

改善民生是三北工程的战略目标，实现可持续发展是其重要的物质文化内涵。可持续发展，是指满足当前需要，同时又不削弱子孙后代满足其需要之能力的发展。为了实现这个目标，我国就必须从生态的可持续性、经济的可持续性和社会的可持续性三个方面进行考虑。可持续发展摒弃掠夺自然的生产方式和生活方式，学习自然界的智慧，发展新的技术形式和能源形式，其核心思想是健康的经济发展建立在生态可持续能力、社会公正和人民积极参与自身发展决策的基础上；可持续发展既要使人类的各种需要得到满足、个人得到充分发展，又要保护资源和生态环境，不对后代人的生存和发展构成威胁。

首先，三北生态文化体系中最能反映可持续发展的重要理念就是“绿水青山就是金山银山”。可持续发展是要让天更蓝、山更绿、水更清，要让人民群众的生活有获得感、幸福感和安全感。三北工程建设的40多年，是生态恢复与保护的40多年。位于陕北的毛乌素沙漠，曾经是“风刮黄沙难睁眼，庄稼苗苗出不全。房屋埋压人移走，看见黄沙就摇头”。蒙语中“毛乌素”意为“寸草不生之地”，这片土地因为长期的人类活动而造成生态失衡。而今，在

三北防护林等国家重点工程的相继努力下，当地沙化土地治理率已达93.24%，其绿色版图向北推进了400千米。如果将栽种的树木按1米株距排开，可绕地球赤道54圈。曾经渺无生机的蛮荒沙漠即将从地图上“消失”，取而代之的是鸟语花香的茵茵绿洲。毛乌素沙漠以及三北工程区众多重现的绿洲见证了中国人民持之以恒的勤劳和智慧，见证了中国人民将不可能变成可能的勇气和毅力。

科技部发布的《全球生态环境遥感监测2019年度报告》显示，在干旱半干旱区域中，亚洲改善和恢复的土地面积最大，占改善和恢复面积的50%以上，尤以中国和印度改善恢复的面积最大。三北防护林工程与其他国家重点生态工程一起在我国北方风沙线上构筑了重要的生态防线，建立起了一道多林种多树种有机结合、乔灌草科学配置的绿色生态屏障。截止到2018年，中国森林覆盖面积达2.12亿公顷，森林覆盖率为22.08%。2000—2018年间，中国森林面积净增0.45亿公顷，增长率为26.90%，中国成为维持全球森林覆盖面积基本平衡的主要贡献者，成为全球“变绿”的主力军。中国人民为持续推进建设人与自然和谐共生的现代化、为全球可持续发展贡献了中国智慧和力量。

三北生态文化建设的40多年，也是提供更多优质生态产品，以满足人民对美好生活愿望的40多年。三北防护林切切实实为人民带来了收益，提高了人民的生活质量。40多年三北工程累计完成投资933亿元，防治了沙化，减少了水土流失，保护了农田。40多年防护林使粮食的累计增产量约为4.23亿吨，促进了区域经济社会综合发展，帮助当地群众依靠特色林果业、森林旅游等实现了稳定脱贫；吸纳农村劳力3.13亿人，约1500万人实现了稳定脱贫。当地人民在发展林粮、林药、林草间作的同时，既防治了风沙危害和水土流失，又增加了农民收入，实现了生态与经济、兴林与富民的有机统一，三北工程为百姓开创了生态经济型的建设之路，成为践行绿水青山就是金山银山理念的成功典范。

三北生态文化是面向未来幸福生活的文化，可持续发展理念贯穿其始终。恢复绿水青山是三北工程首要任务，大规模植树造林种草，持续修复自然生态既是对现阶段环境危机的应对，也是对实现未来美好生活环境的保障。“绿进沙退”的历史性转变不仅为当代带来了巨大福祉，也为未来的发展探索了可行的路径，很多工程区形成了以森林公园网络为骨架，湿地公园、沙漠公园等为补充的生态旅游发展新格局，年接待游客约3.8亿人次，旅游直接收入约480亿元，工程区的经济架构、产业模式获得了本质的提升，为未来的进一步发展奠定了深厚的基础。

## 二、人地和谐——生态伦理为核心的精神内涵

“生态伦理”是从伦理学的视角审视和研究人与自然的关系。它不仅要求人类将其道德关怀从社会延伸到非人的自然存在物或自然环境，而且呼吁人类把人与自然的关系确立为一种道德关系。根据生态伦理的要求，人类应放弃算计、盘剥和掠夺自然的传统价值观，转而追求与自然同生共荣、协同进步的可持续发展价值观。① 生态伦理三北防护林工程生态文化体系的形成意味着传统理论价值观的根本转变，即从人类中心主义价值观到生态伦理价值观的转变。“伦理”首先是一个历史和地理的概念，与一时一地相关，不同的时间、不同的地理特征会导致不同的伦理和道德。传统伦理学主要研究人与人之间的关系，比如，人与人之间的权利与义务、责任与道义等，从而为人们提供一系列行为准则。20世纪40年代，美国生态学家奥尔多·利奥波德(Aldo Leopold) 提出“土地伦理”的概念，将所有的生命置于同一个系统中考虑，认为万物都属于宇宙的有机部分，万物有着内在的生态秩序。“土地伦理”将伦理范围从人与人之间的关系拓展至整个地球的生命圈，涵盖了土地、土地上所生长的动植物以及土壤、水等。这些组成部分同属于一个“生命共同体”，各部分相互依赖，并各自拥有在自然状态下存在的权利，具有平等的地位。人类作为其中的一个成员，不应凌驾于其他成员之上，不应将土地视作自己的财产，不应只享受特权，不承担对土地的义务。②“土地伦理”把道德对象的范围从人与人的关系领域扩展到人与自然的关系领域，通过人对生

---

① 王旭峰. 生态文化辞典［M］. 南昌：江西人民出版社，2012：109.

② ALDO LEOPOLD, A Sand County Almanac and Sketches Here and There［M］. New York: Oxford University Press, 1949: 201.

态危机和现实困境的反思，人类崇尚自然、保护环境、促进资源的永续利用，使人与自然协调发展、和谐共进。

尊重自然、保护环境的思想在中国文化传统中源远流长。考古发现，商朝人将“帝”尊为宇宙最高主宰，对山川四方、风神雷电加以祭拜。在利用自然提高生活水平的同时，古人也注意保护自然资源，治理水土流失，对大自然，尤其是山林河泽的保护和管理可以追溯到尧舜时期。据记载，早在尧舜时期，就有过一种官职叫“虞”，掌管草木鸟兽，这种虞官的制度到了西周时代，职责更加明确，统称虞师。山水薮泽是自然万物生长繁殖的场所，都有相应的虞官进行管理，有保护山林的山虞，有保护薮泽的泽虞。西汉文学家刘向编著的《逸周书·大聚解》① 中记载了周公旦对武王进言的治国之道，大意是：我听说过禹曾经有禁令，春天的三个月，不许进山林砍伐，以保护草木，使其生长；夏季三个月，不许入江湖捕鱼，以保护鱼类的生长；并且要将农夫之力聚合起来工作，才能实现男耕女织。如果这样做的话，那么，各种生命就不会失去它的生活方式，万物就不会失去它的本性，人就不会耽误自己的职分，上天就不会失掉它的规律，就能成就各种财富。有了财富后，应当发放给人享受，这才是最端正的德行。这里面虽然是在讲政治，但是反映出明确的保护自然环境以利民生和社会的态度。可以看出，古代帝王和统治阶级已经深刻认识到要想确保国泰民安，就应遵守四时节律，尊重大自然的规律，保护生态环境。儒家思想关于“天人合一”的生态理念更是影响了中国两千年的自然观，孔子的“钓而不纲，弋不射宿”，孟子的“斧斤以时入山林，材木不可胜用也”，朱熹的“天人一理，天地万物一体”等理论都为中国生态伦理建设奠定了坚实的文化基础。

新时代的“绿水青山就是金山银山”的理念更是生态伦理发展的生动阐释：曾经是“只要金山银山，不管绿水青山”，只要经济，只重发展，不考虑环境，不考虑长远，“吃了祖宗饭，断了子孙路”而不自知；后来，虽然意识到环境的重要性，但只考虑自己的小环境、小家园而不顾他人，以邻为壑，

① 《逸周书》是中国古代历史文献汇编，又名《周书》，作品中内容主要记载从周文王到景王年间的时事。相传是孔子删定《尚书》后所剩，是“周书”的逸篇，因此称为《逸周书》。

有的甚至将自己的经济利益建立在对他人环境的损害上。人们只有真正认识到生态问题无边界，认识到人类只有一个地球，地球是我们的共同家园，保护环境是全人类的共同责任，生态建设成为自觉行动，才能进阶到认识的第三阶段。① 随着工业文明的崛起，中国经历了大城市带来的不可持续性危机，走过了以牺牲资源环境换取经济效益的弯路，并在此后明确了可持续的发展方向。三北防护林工程正是在对生态伦理的认知基础上，以保护环境为基本目标，而进行的尊重自然、遵循自然规律的具体实践。在三北工程及其生态文化体系的示范带头下，植树造林、防风固沙、保护环境已经成为全民接受的基本的生态意识和生态实践。

### 三、集中力量办大事——以生态文明为支撑的制度内涵

三北工程生态文化是我国制度文化优越性的具体体现。40 多年来的三北工程不是某个人某个群体的事情，而是全民参与、集中力量一起创造历史的大事。三北工程不仅依靠和发挥了各级政府的组织领导作用，更重要的是动员和组织了三北地区全社会参与。多部门协作，共同奋斗，集中体现了社会主义制度能够集中力量办大事的制度优势。自 1978 年 11 月党中央、国务院作出了建设三北工程的重大战略决策开始，三北工程开启了我国重点生态工程建设的历史新纪元。

党的十八大以来，以习近平同志为核心的党中央高度重视社会主义生态文明建设，坚持绿色发展，把生态文明建设融入经济建设、政治建设、文化建设、社会建设各方面和全过程，加大生态环境保护力度，推动生态文明建设在重点突破中实现整体推进。2018 年 3 月，十三届全国人大一次会议第三次全体会议经投票表决，通过了《中华人民共和国宪法修正案》，将“生态文明”写入宪法。我国以对人民群众和子孙后代高度负责的态度和责任，真正下决心把环境污染治理好、把生态环境建设好，努力走向社会主义生态文明新时代，为人民创造良好的生产生活环境。党的十九大进一步提出新时代坚定文化自信、推动社会主义文化繁荣兴盛的初心与使命。

---

① 习近平．环境保护要靠自觉自为［N］．浙江人民出版社，2007-05.

2018 年 5 月，习近平总书记在全国生态环境保护大会上提出，要解决历史交汇期的生态环境问题，“加快建立健全以生态价值观念为准则的生态文化体系”，通过变革社会关系和社会体制，改革和完善社会制度和规范，按照公正和平等的原则，建立新的人类社会共同体和人与自然的伙伴共同体。我们要实现人与自然和谐共生，全面实现生态环境领域国家治理体系和治理能力现代化，建成美丽中国。习近平总书记强调，“中国将按照尊重自然、顺应自然、保护自然的理念，贯彻节约资源和保护环境的基本国策，更加自觉地推动绿色发展、循环发展、低碳发展，把生态文明建设融入经济、政治、文化、社会建设各方面和全过程”。近年来，中央先后颁布了《关于加快推进生态文明建设的意见》《生态文明体制改革总体方案》等文件，把“坚持培育生态文化作为重要支撑”纳入生态文明建设的基本原则，为生态文化建设指明方向。

“生态兴则文明兴，生态衰则文明衰”。2015 年 9 月，中共中央国务院审议通过了《生态文明体制改革总体方案》，明确提出“山水林田湖是一个生命共同体”的理念，从国家层面将生态环境治理、生态修复以生态文明法制建设的方式进行探讨。2018 年 3 月自然资源部成立，打破以往山、水、林、田、湖、草等各自然要素条块式分割管理的格局，首次强调了国土空间生态修复职责。2020 年 5 月，中央全面深化改革委员会第十三次会议审议通过并印发了国家发展改革委、自然资源部的《全国重要生态系统保护和修复重大工程总体规划（2021—2035 年）》（简称《规划》），《规划》以习近平新时代中国特色社会主义思想为指导，全面贯彻落实党的十九大和十九届二中、三中、四中全会精神，按照党中央、国务院决策部署，坚持新发展理念，统筹山水林田湖草一体化保护和修复，在全面分析全国自然生态系统状况及主要问题与《全国生态保护与建设规划（2013—2020 年）》及正在推动的国土空间规划体系充分衔接的基础上，以“两屏三带”及大江大河重要水系为骨架的国家生态安全战略格局为基础，突出对国家重大战略的生态支撑，统筹考虑生态系统的完整性、地理单元的连续性和经济社会发展的可持续性，提出了到 2035 年森林、草原、荒漠、河流、湖泊、湿地、海洋等自然生态系统保护和修复工作的主要目标，以及统筹山水林田湖草一体化保护和修复的总体布局、重点任务、重大工程和政策举措。①

40多年来，三北工程已经探索出了一条具有中国特色的防护林生态文化体系建设道路，为全国乃至世界生态建设提供了伟大范例。三北工程建设的40多年，是中国人民创造历史的40多年。习近平总书记指出“人的命脉在田，田的命脉在水，水的命脉在山，山的命脉在土，土的命脉在树”，在这个“人—田—水—山—土—树”命脉依赖循环的关系中，更加突出了树木和森林在全球生态系统中的基础地位，也为三北防护林工程生态文化的建设和发展提供了坚实的理论基础。

## 第四节　体系框架

三北防护林工程生态文化的建设从一开始就注重体系化和整体化的思路，从思想上、教育上、经济上、制度上进行全面体系建设。

### 一、“天人合一”的生态和谐思想传统

三北防护林工程建设的主要目标之一是减少水土流失，根治水患，保持生态平衡的可持续发展，这个目标的思想来源就是对生态和谐的重视和追求。中国水土保持思想实际上古已有之。中国古代最早提到治理水患、保持水土的文献是公元前6世纪的《国语》，其中的《周语》第27篇《太子晋谏灵王壅谷水》中讲了一个故事：周灵王二十二年，谷水与洛水争流，水位暴涨，将要淹毁王宫。灵王打算堵截水流，太子晋劝谏说：“不能。我听说古代的执政者，不毁坏山丘，不填平沼泽，不堵塞江河，不决开湖泊。山丘是土壤的聚合，沼泽是生物的家园，江河是地气的宣导，湖泊是水流的汇集。天地演化，高处成为山丘，低处形成沼泽，开通出江河、谷地来宣导地气，蓄聚为湖泊、洼地来滋润生长。所以土壤聚合不离散而生物有所归宿，地气不沉滞

① 国家发展改革委，自然资源部．全国重要生态系统保护和修复重大工程总体规划（2021-2035年）［Z］．2020-06-03（2）．

郁积而水流也不散乱，因此百姓活着有万物可资取用而死了有地方可以安葬。百姓既没有夭折、疾病之忧，也没有饥寒、匮乏之虑，所以君民能互相团结，以备不测，古代的圣明君王唯有对此是很谨慎小心的。”任何事情，若大的方面不遵从天象，小的方面不遵从典籍，上不合天道，下不合地利，中不合民众的愿望，不顺应四季的时序行事，必然没有法度。既要办事而又没有法度，这是致害之道啊。

以孔子为代表的儒家认为，只有达到了“中和”的境界，天地才能各在其位，万物才能自然地生长繁育，这是一种人与万物和谐的完美状态。但孔子的“和”不是要整齐划一，相反，是“和而不同”，即万物虽然状态不同，形态不同，但是可以协调和谐地共存，即“和则相生”，只有生物相杂，自然才能繁盛；相反，如果强求整齐划一的同一种生物，或者同一种状态，那么则不能维持生态的繁盛，即生物多样性。正如《易传》“乾”“坤”二辞中所表现出的宇宙之道、人事之理，都基于“易”推演而成。天地万物变化的根本在于阴阳、乾坤、天地的对立和统一，以及其变化无穷的过程和推演。“易”是宇宙的第一法则，而宇宙是自然之母，自然又是人类之母。万物始于天，顺承天道；地用厚德载养万物，而人生活于天地之间，必须首先顺应天道和宇宙的本然之性，才能合理安排自己的生活。自天地开辟以来，日月交替，寒来暑往，万物萌发，生生不息，新新相续，变化无著。

这些思想都表现出很强的生态意识，即便是在生产力不发达的状态下，在人地矛盾尚不尖锐的时候，古代的学者和统治者已经认识到尊重自然，尊重自然规律，不妨害动植物的生长，不竭泽而渔，从长远利益出发考虑人与自然的关系。在这个原则上，控制人的欲望，用之有节，取之有度，把能节制自己的欲望看成是人与禽兽的分界线。正因为这种“和而不同”的思想，传统的主流的农业文化才得以与非主流的草原文化、森林文化乃至海洋文化和谐相处。也正是在与其他文化的碰撞、交融，甚至冲突之中，中国文化才能保有一个多民族多文化共同发展的态势，也才能实现对农耕之外的其他生活和生产方式的尊重甚至借鉴。

20 世纪下半叶以来，中国在自然保护的实践中做出了很多努力，在此过程中也逐渐认识到，自然界是一个庞大、复杂又有机联系的生态系统，各个物种之间、生物与周围环境之间的关系复杂而又紧密，保护自然界的生物多样性是保证人类长久生存的基础。三北防护林建设这一实践本身就蕴含着对生物多样性的承认和强调，承认和强调多种经营、多种形态的作业对国计民生的重要性。同时，多样的生命方式和发展形态之间不是各行其是，而是要取得一个平衡，在此过程中实现和谐的多样化，保护环境，保持生物多样性。

## 二、“知行合一”的高效政策制度体系

三北工程的顺利实施和三北生态文化持续不断的建设与发展离不开国家的政策和各级地方政府的行政支持。自 1978 年 11 月三北工程启动以来，国家出台一系列相关政策，不断为三北工程提供保障。

1981 年 3 月 8 日，中共中央、国务院出台《关于保护森林发展林业若干问题的决定》，提出“继续抓好三北防护林体系和速生用材林基地建设，因地制宜地大力发展各种经济林木”。1984 年，第六届全国人民代表大会第七次会议通过《中华人民共和国森林法》，确定了“以营林为基础，普遍护林，大力造林，采育结合，永续利用”的方针。1993 年 2 月 26 日，国务院出台《关于进一步加强造林绿化工作的通知》，提出“‘三北’、长江中上游、沿海和平原农田四大防护林体系建设以及速生丰产用材林基地、全国治沙工程建设，是国家的林业重点建设工程。抓好这些重点工程建设，对于全面实施 2000 年全国造林绿化规划、搞好国土整治、改善我国生态环境、解决国民经济建设对木材和各种林产品的需要，具有举足轻重的作用，而且在国际上也将产生重要影响”。

2001 年，国家颁布实施《中华人民共和国防沙治沙法》，内蒙古、甘肃、四川、新疆等省（自治区）相继出台省级《实施〈中华人民共和国防沙治沙法〉办法》等地方法规；宁夏、黑龙江、甘肃等省（自治区）相继制定省级《防沙治沙条例》，来推进三北工程建设的法律支撑体系不断健全。2003 年，中共中央、国务院出台《关于加快林业发展的决定》，确立了以生态建设为主的林业发展战略，明确提出“继续推进三北、长江等重点地区的防护林体系工程建设，因地制宜、因害设防，营造各种防护林体系，集中治理好这些地区不同类型的生态灾害”。

2015年2月，中共中央、国务院印发《国有林场改革方案》和《国有林区改革指导意见》，提出“围绕保护生态、保障职工生活两大目标，推动政事分开、事企分开，实现管护方式创新和监管体制创新，推动林业发展模式由木材生产为主转变为生态修复和建设为主、由利用森林获取经济利益为主转变为保护森林提供生态服务为主”。2015年4月，中共中央、国务院印发《关于加快推进生态文明建设的意见》，提出“实施重大生态修复工程，扩大森林、湖泊、湿地面积，提高沙区、草原植被覆盖率，有序实现休养生息”，要求“加快重点防护林体系建设”。

2018年，中共中央、国务院出台《关于实施乡村振兴战略的意见》，提出“继续实施三北防护林体系建设等林业重点工程，实施森林质量精准提升工程”。

为了保障工程顺利实施，三北工程也制定了一系列项目管理相关政策，包括一期的《三北防护林体系建设计划管理办法》《三北防护林体系建设资金管理办法》等11项管理办法，形成了一套较为完善的管理体系和组织实施措施。四期工程实施以来，在工程组织、计划、质量、资金管理等方面不断创新、完善工程管理制度，先后出台《三北防护林重点区域建设项目管理办法》《三北防护林体系重点工程建设检查验收办法》《三北工程科技推广项目管理办法》《三北防护林优质重点工程项目评选办法》和《优秀办站考评办法》等工程管理制度。进入五期工程，结合工程管理的重点领域与关键环节，国家林业局（现国家林业和草原局）下发《三北防护林体系建设工程计划和资金管理办法（试行）》。三北局出台《三北防护林体系建设工程重点项目检查验收暂行办法》《三北防护林体系建设年度优质工程评选办法》《三北工程黄土高原综合治理林业示范建设项目管理暂行办法》等工程管理制度。

除此之外，还有地方性管理制度，各地制定和出台了封山（沙）禁牧条例和办法，按照统筹规划、以封为主、禁牧与圈养、恢复生态和保护农民利益相结合的原则，对工程建设区和生态脆弱区实行全面禁牧，转变农牧业发展方式，实行舍饲圈养、围栏封育。比如河北、山西、黑龙江等省区结合实际，先后修订本省《三北防护林工程管理办法》，辽宁、陕西、山西、甘肃、宁夏、新疆等省区先后出台《三北工程检查验收办法》《三北工程资金管理办法》等管理制度。

这些国家和地方政策保障三北工程走过了40多年的历程，创造出一片又一片的绿洲，构筑了一道又一道的绿色生态屏障，不仅改善了生态环境，也加快了林业产业建设的步伐，取得了显著的生态、经济和社会效益。

## 三、"文治教化"的科学生态文化教育体系

三北防护林工程生态文化重要的特征之一就是其教育和伦理构建的意义，这正是对我国传统的"文治教化"含义和特点的传承。三北防护林工程就像是生态思想的"播种机"和"宣传队"，在我国北方大地上构筑起绿色长城的同时，也在老百姓的思想中播下了一颗颗保护环境和森林文化的种子，用鲜活的成果向人民诠释了生态文化的内涵，起到了生动的教育效果。

森林生态文化是最古老最朴实的生态文化，是人与自然和谐的重要实践，是现代林业建设的内在要求，也是三北工程文化建设的重要组成部分。森林文化的繁荣和创新，源于森林载体的保护、修复及其文化服务功能的挖掘、提升。三北防护林工程等重大生态修复工程建设在构筑北方生态防护屏障的同时，通过持续大规模造林绿化、加强森林经营，打造更多优美多彩的自然景观，增加有保健功能的树种，挖掘内涵丰富的森林文化，让森林成为旅游、休闲、度假、运动、养生、养老等生态驿站和公共营地，以及使森林成为宣传生态文化、开展生态文明教育的重要示范基地、体验基地和自然课堂，促进生态文化大省、大市、大县的建设，有力推动森林旅游、生态休闲、森林康养、科普教育等生态服务产业繁荣兴盛，为人民提供高品质的生态体验和生态服务，使更多的城乡居民走进自然、亲近自然、享受自然，不断丰富人民的精神文化生活，普惠民生。从三北工程实施40多年以来，三北地区通过森林文化基地建设开展多种多样的夏令营，举办森林自然教育研讨会、森林文化节等系列活动，鼓励公众参与森林自然教育，践行绿色发展，培育生态文化。目前全国共建有森林公园8572处，其中国家级3615处，省级4357处，县级600处；共建设国家湿地公园324个，国家沙漠公园90个，国家生态文明教育基地12处。三北工程增强了人与自然之间的交流，增进了人对生态文明的理解，同时使人们的身心得到愉悦放松，提高了人们对生态文化的认识

和关注，促进了生态环境良性发展。

同时，三北防护林工程建设与我国林业和林业教育的迅猛发展相辅相成。建国初期，国家在各地建立了多层次多类型的林业教育和科研机构，包括中央林业科学研究所、中国科学院林业土壤研究所、各地的林学院等，但是这些研究机构在“文化大革命时期”遭到了较大破坏。1978 年 5 月，国家恢复了中国林业科学研究院，到 1990 年，全国大约有三分之二的地区设立了林业研究所，林业高校也逐步恢复和开设了水土保持、林业经济、木材工业、林业管理等相关专业，培养了大批优秀的人才参与到三北工程等水土保持和环境保护的战略任务之中，他们成为我国林业发展和森林文化繁荣的主力军。

三北防护林工程建设，不仅推动了中国林业地位的历史性转变，而且人民生态意识也得到普遍提高，形成了全民参与林业建设的良好局面。三北工程的成就不仅对遏制三北地区环境的进一步恶化起到了重要作用，更为全国生态环境保护做出了示范。40 多年来，工程参与者们坚持不懈地顽强拼搏和无私奉献，谱写了一曲曲改善生态、感天动地的绿色壮歌，形成了“艰苦奋斗、顽强拼搏，团结协作、锲而不舍，求真务实、开拓创新，以人为本、造福人类”的“三北”精神，拓展了中华民族的生存、发展空间，也改变了亿万三北人的命运。三北工程区人民力量凝聚的“三北”精神，为实现美丽中国汇聚了精神财富，成为中国林业建设史上一块成就卓著的丰碑。

## 第五节　功能作用

三北防护林工程生态文化不仅在可见的物质领域为我国北方营造了一条绿色长城，而且 40 多年的建设渗透进区域、国家、全球的许多层面，在经济、思想、文化上产生了巨大影响，发挥了示范和引领的作用。

### 一、助推经济结构优化，丰富产业方式

生态环境的改善不仅仅在保护，更重要的是要在保护中不断发展和创新。三北生态文化的创新首先体现在它在经济上对三北地区乃至全国的影响。从

植绿守绿到补齐生态短板，三北文化在优化生态薄弱地区的经济结构、丰富产业方式、提高人民生活水平方面发挥了重要作用。比如在青海格尔木市，当地人民在三北工程的带动下，紧紧围绕生态环境保护和发展，谱写了一篇篇高原生态绿色的美文。多年来，格尔木深度践行“抓生态就是抓发展”的理念，严格落实生态环境保护责任，以改善生态环境质量为核心，解决了人民群众反映强烈的大气、水、土壤污染等突出问题。按照山水林田湖草系统治理要求，当地加强森林、草原、湿地、荒漠生态系统修复，多措并举，使当地的生态系统得到有效的保护，良好的生态系统成为生物多样性的主要富集区。如今，格尔木不仅山更绿、水更清，而且补齐了生态环保工作短板，努力优化了基础设施，提高了资源利用效率。随着格尔木生态环境建设及城市绿化力度的不断加大，格尔木地区的生态环境也为野生动物提供了良好的栖息和生存空间。野生动物的分布、种类、数量有了明显增加，为格尔木地区旅游业的发展增添了新的亮点。

## 二、创立“体系”建设思想，为生态工程提供示范

三北工程坚持实践生态系统学理论，首次提出了防护林“体系”思想，把防护林体系建设作为一项大的系统工程，把国家重点项目纳入国民经济和社会发展整体计划。根据建设区自然条件严酷、生态灾害频繁、农林牧比例失调的实际情况，三北工程突破以往防护林就是建设单一结构、单一林种的思想，把人工治理和自然修复结合起来，建立一个高生产力、自然与人工相结合、以木本植物为主体的生物群体，形成一个农林牧、土水林、多林种、多树种、带片网、乔灌草、造封管、多效益相结合的防护林体系。

三北工程体系建设思想为我国林业走上大工程、带动大发展、推进生态文明和美丽中国建设提供了重要借鉴。三北工程建设40多年来，不仅为我国生态工程建设积累了宝贵经验，也走出一条具有中国特色的生态建设道路。在三北工程的带动和示范下，国家先后启动了长江中上游防护林体系建设工程（1989年启动）、天然林资源保护工程（1998年试点，2000年全面启动）、退耕还林工程（1999年试点，2002年全面启动）、京津风沙源治理工程（2002年启动）、三江源生态治理工程（2005年启动）和沿海防护林体系建设

工程（2006年启动）等多项林业生态工程，林业生态工程建设的规模越来越大、速度显著加快。

三北防护林工程也促进了我国其他生态工程建设。在三北工程的带动作用下，我国之后又相继启动了沿海防护林、珠江流域综合治理防护林、长江中上游防护林、辽河流域防护林、黄河中游防护林等17项防护林工程。2001年，国家对林业生态工程进行了系统整合，形成了包括天然林保护工程、三北和长江中下游地区等重点防护林建设工程、退耕还林还草工程、环北京地区防沙治沙工程、野生动植物保护及自然保护区建设工程、重点地区以速生丰产用材林为主的林业产业基地建设工程在内的六大林业重点工程，并将三北防护林工程纳入“三北和长江中下游地区等重点防护林建设工程”之中。系统整合后的六大林业重点工程仍然突出了三北防护林工程的主体地位和作用。三北防护林工程以其独具的资源性、可再生性与多效益性等特点，成为改善中国北方地区生态环境、提升国家可持续发展能力和增强综合国力的重要举措。

### 三、弘扬生态文明理念，提升民众环保意识和生态审美

在我国风沙危害和水土流失严重的北方地区建设三北防护林体系，是党中央站在中华民族生存和发展的长远大计作出的重大战略决策，倾注了几代党和国家领导人的心血。1956年3月，毛泽东主席发出“绿化祖国”的号召；1964年，周恩来总理批示，“沙漠化是森林植被被破坏的结果，要防治沙漠化，必须建设防沙林”；1977年，农林部组织专家深入三北风沙区开展调查研究，提出了《关于加速西北地区林业建设的设想和建议》；1978年11月25日，国务院批转了国家林业总局（现国家林业和草原局）《关于在“三北”风沙危害和水土流失重点地区建设大型防护林的规划》（国发〔1978〕244号文），三北工程正式启动。在几代中央领导人的关怀和推动下，三北工程建设不断深入推进，三北生态文化也不断深入人心，并潜移默化，提升了人民的生态审美。

“生态文化”虽然是现代社会的产物，但“生态”一词在中国古已有之，只是与今天我们所提到的现代意义有所不同。中国古代对于“生态”一词的

理解是一种对“美”的指涉。这里的“生态”大都意为“显露美好的姿态”或“生动的意态”。这里面所体现的生态审美思想是，“美”并不存在一种实体化的、外在于人的“美”，“美”离不开人与大自然的互动，或者说，美在于体验，是一种创造，也是一种人与大自然的和谐、平衡和沟通。中国古代诗人和文学家所追求的理性的田园生活背后也蕴含着人与自然和谐相处的美感。比如陶渊明的“平畴交远风，良苗亦怀新”，山水草木在陶渊明的诗中不再是一堆死物，而是寄托着诗人对自然的无限向往，“暧暧远人村，依依墟里烟”试想一下，如果只剩了人工制造的耕地，文人墨客们所寄情的山山水水不再具有多样性，那么美还有什么生命力?

西方文人对大自然给予人类的精神价值有着同样的信仰。比如19世纪美国散文家亨利·梭罗Henry Thoreau著名的《瓦尔登湖》中写道：“带有瀑布的河流、草地、湖泊、山丘、悬崖或奇异的岩石、一片森林以及散落的原始树木。这些都是美妙的事物。它们具有很高的使用价值，绝非金钱可以购买到。如果一个城镇的居民明智的话，就会不惜高昂的代价来保护这些事物。因为这些事物给人的教益要远远地超过任何雇佣的教师或牧师或任何现存的规范的教育制度。”美国“国家公园”之父，19世纪自然作家约翰·缪尔(John Muir）笔下的自然更兼具一种神性之美。“现在，我们在群山中，而群山亦在我们心中，燃烧的热情注满了我们的毛孔和细胞，使得每一根神经都在颤动。我们的血肉之躯仿佛像玻璃似的透明，感应着周围的美，而且在空气、树木、溪流和岩石的激励下，在光波中，成为它真实而不可分割的一部分”。

党的十九大报告对生态文明建设进一步强调，将“美丽”二字写入社会主义现代化强国目标，将“坚持人与自然和谐共生”作为新时代坚持和发展中国特色社会主义的十四条基本方略之一，使“五位一体”的总体布局更加全面。正如习近平总书记指出的，新时代推进生态文明建设，要坚持人与自然和谐共生，坚持节约优先、保护优先、自然恢复为主的方针，像保护眼睛一样保护生态环境，像对待生命一样对待生态环境，让自然生态美景永驻人间，还自然以宁静、和谐、美丽。人与自然和谐共生是我国生态文明建设的本质要求，这既是生态美学的精神内核，也是生态美学发展的价值旨归。生态美学植根于生态存在论哲学观中，人与自然和谐共生的理念就蕴含在生态美学的内涵之中。①

美丽中国是生态文明建设的目标要求，生态文明建设是建设美丽中国的必由之路，三北防护林工程建设40多年来，沙漠变绿洲、雾霾变蓝天的故事比比皆是。沙地、污染的“消亡”，生物多样性指数不断提高，生动阐释了中国日益深入人心的绿色发展理念。这个理念是对自然的尊重，也是对绿水青山的美的追求。中国传统的生态文明观念既为中华民族生生不息、发展壮大提供了丰厚滋养，也为人类文明进步做出了独特贡献，是全世界共有的精神财富。党的十九大报告对生态文明建设进一步强调，将“美丽”二字写入社会主义现代化强国目标，将“坚持人与自然和谐共生”作为新时代坚持和发展中国特色社会主义的十四条基本方略之一，意味着我国“五位一体”的总体布局更加全面，标志着我们党对中国特色社会主义的认识更加成熟、更加定型。美丽中国是生态文明建设的目标要求，生态文明建设是建设美丽中国的必由之路。

### 四、传播中国先进的生态思想和实践经验，为全球生态安全作贡献

党的十九大报告指出，要建设美丽中国，为全球生态安全作贡献。三北工程开启了中国生态建设的新纪元，也是国际最大的生态修复工程，从启动伊始就受到国内外广泛关注。特别是1992年世界环境发展大会后，联合国和各国政府高度重视生态建设，保护和改善生态环境成为国际政治和政府间谈判的焦点和热点议题。三北工程建设的国际地位不断提升，为提出应对气候变化林业方案、维护全球生态安全贡献了中国力量。根据最新全国森林资源清查结果，全国72%的宜林地分布在三北工程区，是新时代开展大规模造林绿化的主战场、森林资源增长的关键区和林业增汇减排的重要区。

在新的历史阶段，三北工程大幅增加森林生态资源，培育绿色可替代能源，引领以绿色为主导的生活方式和生产模式，大力促进产业结构转型和绿色低碳发展，展现了中国推动构建全球生态治理体系的责任与担当。同时，

① 胡友峰．生态美学的建构路径［N］．光明日报，2020-05-25.

防护林持续增强森林固碳功能，增加植被碳储量，抵减大气中二氧化碳，成为举世闻名的“中国荒漠化防治故事”，为全球气候治理贡献中国智慧和方案，共同维护好人类赖以生存的地球家园。

中国建设生态文明的发展方式与全球可持续发展大潮形成了高度契合，中国也在落实推动全球可持续发展中发挥着越来越重要的作用。中国的三北工程不仅是中国自身的一个生态建设工程，而且是关系到全球生态改善的工程。三北工程是迄今世界上最大的生态工程，1987 年以来，先后有三北局、宁夏中卫、新疆和田等十几个单位被联合国环境规划署授予“全球 500 佳”奖章。2003 年 12 月 28 日，三北工程获得“世界上最大的植树造林工程”吉尼斯证书，成为我国在国际生态建设领域的重要标志和窗口。三北工程被誉为“世界林业生态工程之最”，与美国的罗斯福大草原林业工程、苏联的斯大林改善大自然计划、北非的绿色坝工程等并列为世界干旱半干旱区生态治理的典范。

2020 年 9 月 22 日，国家主席习近平《在第七十五届联合国大会一般性辩论上的讲话》中指出，人类需要一场自我革命，加快形成绿色发展方式和生活方式，建设生态文明和美丽地球。中国将加大国家自主贡献力度，采取更加有力的政策和措施，二氧化碳排放力争于 2030 年前达到峰值，努力争取 2060 年前实现碳中和。习近平总书记关于“2060 年前实现碳中和”的庄严承诺，再次突出了三北防护林工程建设的重要性。我国人工林面积居世界第一，通过不断扩大森林面积和提高森林经营质量，对增加碳汇和减少碳排放起到重要作用，同时在日益广泛的全球森林碳贸易中也大有作为。三北防护林在实现碳中和、应对全球气候变化中将发挥更大作用。

## 第六节　评价体系

自三北防护林工程启动 40 多年来，三北防护林工程生态文化为三北防护林工程的顺利建设提供了重要的理念指导，构建了牢固的思想基础，也发挥了强有力的宣传推动作用。从理念指导的角度来讲，三北防护林工程生态文化是三北工程顺利实施的重要指南；从思想基础的角度来讲，是三北工程建设的有力支撑；从宣传推动的角度来讲，是巩固三北工程成果的体系保障和继续顺利实施的基础。三北防护林工程生态文化建设具有举足轻重的作用和意义，在文化建设过程中，适时及时地进行评价也是对文化建设的方向性和有效性的保障。

## 一、构建三北工程生态文化评价体系的主要原则

对三北防护林工程生态文化的评价，应坚持以下五个主要原则。

一是方向性。坚持社会主义核心价值观的引领是第一标准，对三北防护林生态文化方向性的评价标准主要体现在其价值导向上，三北工程生态文化建设必须以马克思主义为指导，坚守中华文化立场，坚持走中国特色社会主义道路，推动社会主义文化繁荣兴盛。评价内容针对文化体系的建设内容在政治、意识形态领域的影响主要包括：是否引导思想观念，是否凝聚政治认同，是否推动文化传承，是否具有思想吸引力和政治凝聚力等等。

二是全面性。全面性是保证评价结果的重要尺度。三北工程生态文化既包括物质文化，也包括非物质文化，全面的把握、建设和总结是三北工程生态文化彰显其文化资源、提供文化力量、保障工程全面发展的基础。在三北防护林工程文化的评价过程中，要坚持点面结合、定量与定性评价相结合的方法，既有对系统性数据和建设成果的检测，又有对典型工作的抽样调查；既有科学的数据统计和分析，又有实地调研和考察。三北工程生态文化涉及的文化领域主要包括生存发展空间、农民收入、生态文化、人民生态意识、促进其他生态工程和国际影响力等方面。三北工程生态文化主要评价内容包括工程文化建设概况、生态文化建设成效、文化体系建设、重点文化领域建设成效、区域生态文化体系影响评估、文化建设可持续性等方面。

三是科学性。评价的科学性是准确总结以往工作、制定未来工作方案的基础。文化建设不是空谈、空想，是要切切实实为三北工程建设提供激励，准确的数据、科学的总结和凝练是三北防护林工程生态文化建设落在实处的基石。为了确保评价成果的准确性，要对相关指标和数据进行全面梳理，纳入统计和分析，同时要结合动态考察、实地调研，对三北防护林工程生态文

化体系建设情况进行系统评价。

四是适时性。三北工程生态文化体系建设的评价应适时、及时。文化建设是总结历史、面向未来的文化，适时、及时的文化建设能够为三北工程建设提供指导和激励。为了甄别问题和发现不足，为实施过程及时提供修正依据并做出具体应对方案，三北工程生态文化体系应配合工程建设，每年有相应的总结与评价，每 10 年应有阶段性评价。系统、客观的评价，既能反映出我国三北工程生态文化体系建设取得的成效，也能科学分析三北工程生态文化建设面临的形势与问题。

五是前瞻性。前瞻性是三北工程生态文化体系建设的重要特点。在适时、及时的基础上，三北工程生态文化建设要面向未来，以建设美丽新中国为目标，起到引领示范作用。历史上三北地区的生态环境并非如此恶劣，主要原因是人类在经济和社会发展过程中，过度地开发与利用生态资源。工程建设 40 多年的实践和认知过程，使人们的认识发生了根本性的转变，即生态是第一位的，生态文化建设是不可或缺的，是保障未来人类与生物生存和社会发展的最基本前提，只有在正确的、关切未来可持续发展的生态文化的引领下，采取科学、合理的态度去开发、利用生态资源，才能实现经济与社会的和谐与可持续发展目的。评价主要针对的是文化建设的宣传效果和影响力。

在具体建设的过程中，国家为了保证三北防护林工程生态文化体系建设的顺利开展和推进，同时需要遵循方向性、全面性、科学性、适时性和前瞻性五个指标体系。如下表：

**“三北工程生态文化体系”评价指标及权重**

| 评价指标 | 主要内容 | 权重 |
|---|---|---|
| 方向性 | 价值取向、情感认同 | 30% |
| 全面性 | 物质文化、非物质文化 | 20% |
| 科学性 | 数据统计与分析、实地调查与研究 | 15% |
| 适时性 | 年度建设成果、阶段建设成果（每 10 年） | 15% |
| 前瞻性 | 宣传效果、影响力 | 20% |

## 二、三北工程生态文化评价体系的主要内容

制定三北工程生态文化建设的评价标准，以及对三北工程生态文化建设进行评价是很有必要的。在统一的、确定的建设内容基础上，参照三北工程生态文化建设的过程及取得的成果进行价值判断，对三北工程生态的文化建设进行等级衡量和评定，目的是促进文化建设，提升三北工程生态文化建设的整体实力，同时有利于文化建设者对文化建设过程中取得的成绩与不足进行及时的弥补，文化建设者在参考评价标准的基础上，找到自身的优点与不足，为以后文化建设制定切实可行的方案或实施计划。

三北工程生态文化建设评价的目标内容主要包括四个方面：一是物质文化。文化体系建设不能没有物质文化建设，而物质文化是文化建设中的重要保障，建立各种物质文化基础设施和文化产品对提升保护区的物质文化建设能力具有重要的作用。二是精神文化。精神文化建设是为了涵盖工程区生态文化建设的精神内涵，突出生态文明的价值观，形成工程区独特的生态文化品牌。三是制度文化。生态文化体系的建设和管理需要多种制度共同来保障，需要构建完善的制度文化，规范文化体系建设过程中的思想、路径和方向。四是行为文化。行为文化是文化建设的细节和具体反映，也是传播文化成果、巩固文化影响的重要途径。如下表：

**“三北工程生态文化体系”评价内容及权重**

| 建设类别 | 具体内容 | 权重 |
| --- | --- | --- |
| 物质文化 | 1. 文化场馆：例如标本馆、图书馆、展览馆、博物馆、游客中心等<br>2. 文化设施：例如观景台、生态步道、沙盘、解说系统、宣传牌等<br>3. 文化产品：例如实物类产品、仿生类产品、旅游工艺产品等 | 25% |

续表

| 建设类别 | 具体内容 | 权重 |
|---|---|---|
| 精神文化 | 1. 形象塑造：标识、宣传语、形象大使、示范性保护区建设、生态文明教育基地等<br>2. 文化品牌：旅游品牌、植物品牌、动物品牌、森林疗养品牌等<br>3. 文化传播：网站、广播、微博、微信、文化作品等 | 25% |
| 制度文化 | 1. 法律法规：工程区管理条例、管理办法等<br>2. 管理制度：巡护制度、科研监测制度、宣传教育制度、岗位目标、责任制度、工程监理制度、社会参与制度、培训制度等 | 25% |
| 行为文化 | 1. 文化活动：学术活动、公益活动、创意活动、节庆活动、体验活动等<br>2. 教育活动：户外教育、课堂教育、传媒教育等<br>3. 科普活动：科普宣传、科普体验等 | 25% |

综上所述，建设三北工程生态文化体系不是一蹴而就的事情，正如73年的三北防护林工程建设，其相关的文化建设同样是一项跨世纪的生态文化建设工程。历届党和国家领导人的持续关心、支持，确保了三北工程各期工程规划持续向前推进；历任地方党委政府持续常抓不懈，为三北工程的持续深入发展提供了有力保障和支持。三北工程在世界生态建设史上绝无仅有，三北工程生态文化体系也将在物质、精神、制度、行为等方面为国家乃至世界生态工程文化体系的建设探索更多途径，总结更多模式，提供更多借鉴经验。

## 第七节　重点任务

### 一、建立生态文化建设评价体系

建立生态文化建设指标体系。我国从树立生态价值观、生态政绩观、绿色增长观、绿色消费观等入手，建立起衡量三北防护林工程生态文化建设的基本标尺；根据国家划定的三北地区生态主体功能区、自然资源可持续利用上限、污染排放总量上限，划定生态红线，核定指标体系。我国建立了自然资源价值核算体系、生态文化功能绩效评价体系，将生态效益、自然资源消耗、环境损害成本等纳入了国民经济核算体系。我国对当前自然资源资产实物量和价值量的变化进行客观评估，准确把握经济主体对自然资源资产的占有、使用、消耗、恢复和增值活动情况，全面反映三北地区经济发展的自然资源消耗、环境代价和生态效益，为政府综合决策生态与环境绩效评估考核、生态效益补偿、领导干部离任审计等提供了重要依据。

开展森林文化价值评估。森林文化是生态文化的重要组成部分，森林的文化价值是森林资源核算的重要内容，直接关系着三北地区人民的身心健康、生活质量和幸福指数。我国深入挖掘森林的审美艺术价值、健康疗养价值、休闲旅游价值、科研教育价值、历史地理价值、传统习俗价值、伦理道德价值等类别和历史的悠久度、级别的珍贵度、影响的广泛度、文化的富集度、文化的贡献度等要素，开展森林文化价值评估，具象三北地区森林的文化价值，彰显其文化功能，健全了森林资源价值核算体系，支持当地政府建立公正的付出者有偿、受益者补偿的市场规则，形成社会大众对三北防护林文化价值的普遍意识和支付意愿的认同，不断提升森林文化审美品质、文化自觉和行为规范的导向作用，保护传承与创新发展森林的文化资源，形成生态文化语境下人与森林资源的良性互动，推进了森林文化价值最大化的制度建设。

## 二、将生态文化融入全民宣传教育

推进三北防护林生态文化宣传教育。我国依托三北地区各种类型的自然保护区和森林、湿地、沙漠、海洋、地质等公园、动物园、植物园及风景名胜区等，因地制宜面向公众开放各具特色、内容丰富、形式多样的生态文化普及宣教场馆；打造统一规范的三北防护林生态文化宣传中心，发挥了良好的示范和辐射带动作用，通过生态文化村、生态文化示范社区、生态文化示范企业等创建活动和生态文化体验等主题活动，提升了社会成员互动传播的公信度和参与度。

重视学生群体的生态文化教育。三北地区将生态文化教育纳入教育体系，文教主管部门积极组织编制规范化的生态文化教科书，将生态文化教育课程纳入了教学大纲。从青少年抓起、从学校教育抓起，着力推动生态文化进课程教材、进学校课堂、进学生头脑，全面提升青少年生态文化意识，启迪心智、传播知识、陶冶情操，在格物致知中培育三北防护林生态文化宣传的传承人。

构建完整的生态文化传播体系。综合运用不同宣传形式和宣传平台，依托各类型新媒体和高新技术，大力推动传统出版与数字出版的融合发展，加速推动多种传播载体的整合，努力构建和发展现代传播体系。要充分发挥生态、环境保护、国土资源、住房城乡建设、教育、文化、社科等各类行业报刊、互联网等的作用，拓展新闻视野，综合运用多种新闻宣传手段和形式，加大新闻报道力度，增强新闻宣传的吸引力和感召力；完善新闻发布机制，加强舆论监督引导，把握新闻发布主题和时机，增强新闻发布的时效性、针对性和影响力；着力提高生态文化建设新闻、图书出版水平，编辑发行深入浅出、通俗易懂、图文并茂的生态文化科普宣教系列读物，增强社会传播的吸引力和感召力。我国构建了统筹协调、功能互补、覆盖全面、富有效率的生态文化传播体系。

### 三、将生态文化理念融入法治建设

加快建立自然生态系统保护管理的法制体系。生态文化的核心理念是推进生态文明建设、构建整体保护生态系统的法制保障。我国建立健全森林、湿地、沙漠、草原、土地、矿产等自然资源保护监管方面的法律法规，全面清理、修订了与生态文明制度建设不相适应的规章制度；积极完善森林、草原、荒漠生态系统和生物多样性保护的法律法规体系，增强自然生态系统保护管理的科学性、协同性和有效性，由注重保护管理自然资源向注重保护管理整个自然生态系统转变。

建立健全防护林资源执法监督体系。我国从源头、过程到终端，建立全过程绩效跟踪制度，加强目标考核，实行绩效管理；强化企业履行生态建设和环境保护责任制度的法律约束，提升企业生态保护意识、环境风险意识、环境道德意识和社会责任意识；守住生态红线，人人有责、人人遵守、人人行动，强化社会监督，落实公众的知情权、监督权，积极发挥新闻媒体和民间组织舆论和公众的监督作用，全面形成生态文化建设的法治保障。

### 四、提升科技研发在建设中的应用

推动科技与生态文化相融驱动。科技是第一生产力，文化是软实力，科技与生态文化相融驱动是推进生态文化发展的伟大实践。在三北防护林工程建设过程中，我国不断加大科技投入，以新视角、新思路、新举措来研发推进绿色发展、循环发展、低碳发展、智能化建设，节约、集约、利用自然资源。通过科技与生态文化思想的融合，壮大科技创新对生态文化建设的支撑作用，推进生态文明绿色发展战略的实现。

深化对生态文化哲学智慧的科学研究。生态文化是研究并促进人与自然和谐共荣的新兴领域。各级科技主管部门需要充分发挥主观能动作用，建立不同级别的科学研究团队，深化生态文化理论研究，推进学科交流和学术观点、科研方法的创新发展，加快理论研究成果的应用转化；注重全局性、战略性，选择重大主题，阶段性举办不同层次的生态文化研讨交流活动，开放多元地，开展区域间、国际间生态文化交流互鉴；组织开展关于森林、湿地、沙漠、草原、园林等生态文化的研究，构建完整的三北防护林生态文化体系。

### 五、加强生态文化传承与创新发展

推进三北地区文化传承与创新发展。我国组织开展生态文化普查，探索、感悟蕴含在自然山水、植物动物中的生态文化内涵；挖掘、整理蕴藏在典籍史志、民族风情、民俗习惯、人文轶事、工艺美术、建筑古迹、古树名木中的生态文化；调查带有时代印迹、地域风格和民族特色的生态文化形态，结合生态文化资源的调查研究，收集梳理、建立三北防护林工程生态文化数据库，分类分级进行保护，使其成为新时期发展繁荣生态文化的深厚基础。

加强三北地区生态文化遗产保护。我国对三北地区自然遗产和非物质文化遗产、国家重点文物保护单位、历史文化名城名镇名村、历史文化街区、民族风情小镇等生态文化资源进行深度挖掘与保护。在具有历史传承和科学价值的生态文化原生地，我国创建没有围墙的生态博物馆，由当地民众自主管理和保护，从而使其自然生态和自然文化遗产的原真性、完整性得到一体保护，提升保护地民众文化自信和文化自觉。我国精心打造高质量、有特色、有创意、文化科技含量高的生态文化博物馆。我国在三北地区文化原生地着力落实文化惠民政策和生态效益补偿政策。

### 六、推进生态文化产业发展

科学规划布局，加快生态文化创意产业和新业态发展。我国把三北防护林工程生态文化产业作为生态文明体系建设的重要内容，加大政策扶持力度，充分用好现有文化产业平台，开发适应市场和百姓需求的生态文化产品，发展传播三北防护林工程生态文化价值观念，体现生态文化精神，反映民族审美追求，集思想性、艺术性、观赏性有机统一，制作了一批精湛、品质精良、风格独特的生态文化创意产品；改革创新出版发行、影视制作、演艺娱乐、会展广告等传统生态文化产业。我国大力推进生态文化特色创意设计，积极扶持一批传承民族生态文化的企业。

发展产业集群，提高规模化、专业化水平。我国因地制宜，大力发展森林、园林、沙漠、草原、荒漠等生态文化特色产业，以森林公园、自然保护区、自然公园等为载体，积极打造蕴含不同生态文化主题的创意，创造多样化、参与性强、体验性强的生态文化产品和产业品牌；推动与休闲游憩、健康养生、科研教育、品德养成、地域历史、民族民俗等生态文化相融合的生态文化产业开发，加强基础设施建设，提升可达性和安全性。

## 第八节　支撑项目

### 一、深化“生态文化村”创建活动

保护和建设具有生态文化品质的美丽乡村。三北地区从基础单元做起，建设大美三北。我国发展了一批具有历史记忆、文化底蕴、地域风貌、民族特色的生态文化村，打造崇尚“天人合一”之理，倡导中华美德之风，遵循传承创新之道，践行生态文明之路的美丽乡村和各具特色的发展模式，以制度保障了生态文化底蕴深厚的相对落后地区，使之共享改革发展成果，实现生态文化保护传承与增进百姓福祉相统一。

发挥生态文化村的辐射带动作用和品牌效益。我国积极开发三北地区、北方民族的生态文化资源财富，传承优秀传统生态文化遗产，以原住民为主体，打造和扶持具有区域民族特色、市场潜力和品牌效益的生态文化旅游、休闲养生、历史文物典籍展示、民间工艺制作、歌舞技艺表演、“农家乐”“渔家乐”“森林人家”“草原人家”等生态文化产业和创意产品，以森林为基础，大力发展森林康养产业，打造高端生态旅游文化精品。我国拉动民生改善，提升文化自信和文化自觉。我国大力推进生态家园、清洁水源、清洁田园建设工程，综合整治农村生产生活环境，恢复自然景观资源，建设生态文化淳厚、生态空间环保、绿色食品安全、百姓生活富足的美丽乡村。

## 二、加强传播体系和平台建设

充分发挥主流媒体在弘扬生态文化、推进生态文明建设中的支撑作用。三北地区将防护林工程生态文化建设作为三北地区生态文明建设的重要内容，构建起以报刊与数字新媒体相融合的全方位、立体化、多样化的宣传报道格局。三北地区深度报道三北防护林工程建设取得的各项阶段性成果；专题开展生态文化村、森林城市、绿化模范、自然保护区、国家公园等典型创建的宣传报道；围绕野生动植物和大自然等生态文化科普教育出版了一批精品图书；积极发挥主流媒体凝聚社会力量、营造舆论氛围、传播生态文化的主导作用。

实施新媒体建设工程，构建生态文化现代传播体系。充分利用传统媒体信息资源，推进新闻网站、网络视频、数字报、手机报等新媒体建设，通过高效率、高质量的内容服务和信息服务，满足三北地区建设生态文化载体、繁荣生态文化的要求。积极推进新闻图片数据库工程建设，以适应现代传媒业发展的新趋势、新要求，不断增强新闻媒体弘扬生态文化的传播能力。

举办各类文学艺术作品征集、展演活动，加快三北防护林工程生态文艺创作。我国建立激励机制，联合文联、作协、美协、音协、影协等文化团体，组织文艺工作者深入基层，开展生态文化采风活动，创作出思想性、艺术性、观赏性相统一、人民群众喜闻乐见的优秀作品。三北地区开展生态摄影、文学、书画、影视、动漫等各类文艺作品征集展演活动，支持优秀生态文化作品的收藏和推介，全面展示生态文化建设的优秀成果。

## 三、拓展传播体验活动

“绿色节日”营造关爱自然、保护环境的社会氛围，开展科普宣传户外教育活动。三北地区在植树节（义务植树日）、国际森林日、世界环境日、湿地日、荒漠化日、生物多样性日、全国低碳日等重要纪念日，组织开展生态文化主题活动；深化关注森林、保护母亲河行动，推进市树、市花等评选命名活动；开展以“弘扬生态文化，倡导绿色生活，共建生态文明”为主题的生态摄影、生态美术、征文、音乐节等各类专题活动。

建立生态文化科普场所。在三北地区自然保护区和森林、湿地、沙漠、地质等公园、动物园、植物园、风景名胜区，建设了一批融入生态文化元素、特色鲜明、类型丰富的博物馆、科普馆、标本馆、体验中心等生态文化普及场所；设置了科普步道、科普长廊、宣传亭、标识牌等生态文化宣教设施；对导游词、解说词的科学性、教育性和趣味性进行规范化修订，普及自然生态系统和生物多样性保护的基本常识、功能作用、演替规律和相互关系，开展形式多样、丰富生动的生态文化传播体验活动。

推进生态文化互动传播。通过切合实际、喜闻乐见的多种媒介、多种形式，在有条件的地区开展了公共场所、城镇社区和乡村农家的公益宣传展示、专题讲座、实地考察、现场观摩等群众广泛参与的实践体验活动，大力弘扬了三北工程生态文化，倡导绿色生活。三北生态工程让公众充分感受到森林、湿地、荒漠、草原等自然生态系统和农田、城市、乡村等人工生态系统等生态功能及其生态经济、生态文化和生态服务价值，引导公众养成勤俭节约、绿色低碳、文明健康的生活习惯，使人们亲身投入到绿色居住、低碳出行、合理消费、垃圾分类、清洁家园等实际生活之中，自觉保护森林、湿地、草原，拒绝食用野生动物，使全民生态意识内化于心、外化于行、转化为支持和参与生态文明建设的强大践行力。

大力弘扬生态文化意识。各级党政领导干部积极发挥主观能动作用，通过各级党校培训教育和深入实践，强化党政领导干部的生态文化意识，培养正确的生态价值观、生态政绩观和绿色执政理念，提升其决策管理的科学性。企业是产业结构转型、生产方式转变、绿色低碳、循环发展的主要践行者，在实施法制规范和科学机制强化约束的同时，推进生态文化与企业文化的融合，强化生态意识，培育文明理念，形成企业生态文化的内在自觉意识，走上绿色发展之路。组织青少年的不同群体，我国开展不同类别、形式多样、内容丰富的生态文化社会实践体验专题活动，使青少年通过亲近自然、感悟生态、对话文明、发现自然生命的真谛，增强道德判断力，将保护自然、珍爱生命、珍惜资源的生态道德、崇德向善的行为规范，植根于青少年心底。

### 四、延展“一带一路”合作交流

在三北防护林工程建设的过程中，围绕“一带一路”建设，启动实施三北工程丝绸之路经济带生态屏障建设，重点实施西安至乌鲁木齐绿色通道及森林城镇和森林乡村建设、柴达木盆地荒漠化治理等重点项目，为丝绸之路经济带建设奠定良好的生态基础。在国内经济新常态下，我国抓住一切机遇和挑战，充分将林业的优势和内在潜力发挥出来，大力促进国际林产品贸易和林业投资，进而达到调整林业整体结构、缓解经济压力的效果。以古丝绸之路生态文化遗产和民族风情、民间艺术等为载体，以森林、湿地、海洋、草原等生态文化为内容，我国承接古今、连接中外，搭建开放多元、形式多样的生态文化交流平台，赋予古丝绸之路团结互信、平等互利、和平发展、合作共赢等新的时代内涵。

## 第九节　保障措施

### 一、落实《三北防护林工程管理办法》

《三北防护林工程管理办法》（简称《办法》）是为保证三北防护林体系建设工程的顺利实施，确保工程建设质量和实效，保证合理使用工程建设资金，依据相关法律法规和现行林业重点生态工程建设管理规定制定的管理办法。《办法》是贯彻落实中共中央生态文明建设顶层设计的纲领性文件，三北地区各省（自治区、直辖市）生态文化主管部门和省级生态文化协会积极把握《办法》的核心要义和基本要求，研究确定了本地区、本领域生态文化发展建设的思路，积极落实生态文化发展的各项战略任务和重大行动的具体措施，落实生态文化基本建设投资、生态文化载体和传播能力建设、生态文化遗产保护、生态文化产业发展等扶持政策，并将其纳入各地国民经济和社会发展总体规划以及林业等行业发展总体规划。

### 二、完善投入保障政策

生态文化宣传教育是社会公益事业。三北地区建立起了政府部门主导、社团辅助、社会各界广泛参与的生态文化基本建设投入保障机制。政府主管部门履行职责把握导向，依据生态文化发展建设规划，落实专项资金，保证生态文化基本建设投入。国家加强相对落后地域的生态文化载体建设，加大对自然保护区和森林、湿地、地质、沙漠等各类公园和动物园的生态文化博物馆、科技馆、标本馆等基础设施建设的财政支持力度，消除科普宣教盲区；鼓励社会民间资本参与生态文化宣传教育基础设施和基础产业投资；鼓励公共基金、保险资金等参与具有稳定收益的城市生态文化宣传教育基础设施建设和运营。

## 三、强化组织领导

三北地区各级林业主管部门充分认识到生态文化建设的重要性，对生态文化建设认识到位、领导到位、措施到位、资金到位。我国实行主要领导负责制，把生态文化建设作为考评领导干部工作业绩的重要内容。我国建立健全组织领导机制，明确主管部门，指导和支持相关部门和社会团体建设与工作开展，凝聚社会力量，形成弘扬生态文化、共建生态文明的多方合力局面。

## 四、健全工作机制

我国加强部门协调，建立健全主管部门牵头、有关部门配合、社会力量参与的工作格局。我国不断加强与人大、政协、民主党派等组织机构的密切联系，建立联席会议、联合调研、联合表彰等工作机制，共同推动生态文化建设。三北地区各级林业主管部门的宣传部门承担起生态文化建设的组织指导、实施推进的责任。我国积极加强生态文化国际交流合作，扩大对外开放，吸收借鉴国外生态文化优秀成果。

## 五、建立人才培养机制

我国把生态文化人才队伍建设纳入三北防护林工程建设战略规划，充分发挥中国生态文化协会及其各分会、省级生态文化主管部门和省级生态文化协会的作用，积极吸纳生态文化研究、策划等专业高端人才参与协会工作，建设专家智库，在相关领域培育了一批生态文化的领军人物和学术带头人，引导和带动更多优秀人才投身基层，培育了一批致力于生态文化建设、德才兼备、业务精湛、充满活力的高素质、复合型人才队伍。

部分地区将生态文化教育相关内容纳入“国培计划”，专设培训项目，培养了一批“种子”教师，引领和推动地方加强生态文化教育教师培训。我国建立起了区域性生态文化培训场所，对从事行业管理、导游、解说、演示等人员，进行自然生态、地域历史、生态文化、活动策划等方面的知识和讲演技能的培训；开展区域间、省际间、国际间生态文化培育、传播等方面的先进经验、信息技术的合作交流、互鉴共享，推进高水平的生态文化综合实力建设。

# 第三章

# 千秋基业　文润泽及

（三北工程生态文化的作用）

## 第一节　三北工程建设滋养生态文化

党的十八大以来，党中央把生态文明建设纳入“五位一体”中国特色社会主义总体布局中，要求“把生态文明建设放在突出地位，融入经济建设、政治建设、文化建设、社会建设各方面和全过程”。

生态环境问题是人类社会中经济、社会、政治、文化与生态环境系统之间不协调、不匹配、不平衡的问题。改善三北地区生态环境条件，有赖于一种全新的符合生态文明原则的新经济、新社会、新政治与新文化。

1978 年，与改革开放同时启动的三北防护林建设工程成为改善三北地区生态环境、解决生态灾害的关键措施。这一措施在过去的 40 多年间取得了巨大的生态效益，积累了宝贵经验，现已成为举世瞩目的生态治理典范。更重要的是，三北工程建设构建了一种综合性的新思路，即以经济、社会、政治、文化和生态文明的力量来解决问题，孕育了整体规范性、引领性的生态文化和符合生态文明理念与原则的社会制度体系。

三北工程在助推经济发展、驱动政治改革、繁荣区域文化、促进社会进步和构建安全屏障 5 方面均发挥了重要作用，通过协调经济、政治、文化、社会和生态文明建设的平衡发展，为中国特色社会主义生态文明制度的不断完善和环境治理体系与能力的现代化提供了宝贵的经验。三北工程建设为经济、政治、文化、社会、生态文明建设奠定了坚实的自然基础，提供了丰富的养分。三北工程建设“滋养”了内涵丰富、特色鲜明的生态文化。

## 一、助推经济发展

三北工程实施后对经济效益影响十分突出，尤其在增加群众收入、实现脱贫致富方面作出了突出贡献。三北工程提出了建设生态经济型防护林体系的思想，统筹生态治理与改善民生协调发展，在增绿的同时大力发展特色林副产品生产、销售、流通、加工业和森林旅游业等，建设了一批用材林、经济林、薪炭林、饲料林基地，在有效解决了木料、饲料、燃料、肥料短缺问题的同时，促进了农村产业结构调整和农村经济发展，成为增加农民收入、实现精准脱贫的重要来源。

### （一）经济林果

实施“经济建设与生态文明共建战略”是推进三北防护林工程长久发展的必然需要。我国只有从文化的视角来深入研究经济生态共建和区域合作，把思维观念提升到“共建文化”范畴，才能将这项抵御风沙、保持水土、护农促牧的伟大工程与生态文明相结合，共同迈上新的台阶。位于我国北方辽阔疆土上的“绿色长城”，是党和人民40多年不懈努力的成果，是全球生态治理的成功典范，更是“绿水青山就是金山银山”理念的生动实践。

这项工程累计营造经济林463万公顷，形成了我国重要的核桃、红枣、板栗、花椒、苹果等干鲜果品生产基地，年产干鲜果品4800万吨，与1978年相比增加了30多倍，年产值达到1200亿元，有1500万人依靠特色林果业实现了稳定脱贫。

河北省在三北防护林建设期间坚持工程与产业相促进，实现互动发展，以林业带产业，以产业促林业，形成了生态建设与林果产业的互动式发展。河北省在浅山丘陵区大力推广以“围山转”为重点的水保经济林25万公顷，按照“山顶松槐，山间干果，山脚鲜果”的绿化格局，形成立体配置的种植结构和长短效益结合的经营结构，经济收益是一般山地造林的10多倍。

甘肃省在三北一期工程建设“大型防护林体系”，突出生态效益为主，逐渐转变到二期、三期工程建设“生态经济型防护林体系”，把生态治理同地方经济发展结合起来，重点发展以苹果、核桃、枸杞、红枣为主的优质高效特色经济林，发展了一批特色优势产业，促进了地方经济发展和农民增收。

在三北防护林建设期间，新疆坚持结构调优以实现林果产业规模化发展，坚持综合防控体系建设以提升林果业综合生产能力，坚持发展创新以促进林果业提质增效。截至2017年年底，全疆果品贮藏保鲜与加工企业达380家，组建农民林业专业合作社800家，精深加工产品400多种，年贮藏保鲜与加工处理果品突破300万吨，如天枣素、杏仁油精华素、葡萄系列产品、红枣系列产品等林果精深加工产品的科技水平和生产技术在国内处于领先地位。

### （二）木材供给

40多年来，三北工程将生态文明建设与经济建设相结合，按照人与自然和谐发展的要求，在生产力布局、城镇化发展、重大项目建设中充分考虑到了自然条件和资源环境承载能力，在植树造林的同时增加木材供给，累计完成薪炭林建设93万公顷，年产薪材接近80万吨，经济效益可达9.6亿元。三北工程建设40年来，森林蓄积量4年累计增加近11.7亿立方米；2017年森林蓄积量达到30.4亿立方米，折算成木材储备量为18.3亿立方米。

随着三北工程建设的推进，内蒙古自治区在确保生态改善的同时，注重结构调整，通过发展木材产业增加农民收入，在增加木材供给的同时提高了农民收入，为实现经济与人口、资源、环境的协调作出了突出贡献。

在三北工程建设的40多年间，吉林省生产了大量木材、林副产品，带动了林业绿色产业的发展，促进了农民脱贫增收。目前全省活立木总蓄积量近10亿立方米，截至2014年，每年可生产木材300多万立方米，较好地解决了经济发展和农民自用材的需求。森林资源和木材产量的增加，也带动了乡镇企业和多种经营业的发展，促进了农村产业结构的调整，促进了当地经济的发展。全省开展的农防林更新改造，采伐林木200多万立方米，农民现金收入13亿多元，对县域经济产生了强大的拉动作用。

1978年宁夏回族自治区活立木蓄积量为217万立方米，全区林业生产总值在国民生产总值中的比重为1.15%，农民年人均纯收入仅为115.9元。宁夏牢固树立“抓生态就是抓发展”的理念，经过几代人的艰苦努力，生态建设取得明显成效，活立木蓄积量提高到1111.14万立方米，林业生产总值达到170.24亿元，在国民生产总值中的比重上升至5.4%。

（三）林下经济

三北工程建设40多年来，各工程区把生态治理同地方经济发展结合起来，发展了一批特色优势林下经济产业，促进了地方经济发展和农民增收。三北工程通过采用林-药、林-菌、林-菜、林-草等林下种植、养殖模式进行立体复合经营，不仅促进了森林培育，美化了生态环境，而且实现了林木和林副产品双丰收，提高了土地利用率。同时，山野菜、中药材、蜂蜜、食用菌等林副产品加工产业链也不断延伸，极大改善了区域经济结构。

40多年来，三北工程在改善生态环境的同时，加快了工程实施区的林业产业建设步伐。以陕西省为例，1977年三北工程启动时，该省的三北工程建设区林业产值不到1个亿，到2000年第一阶段工程建设结束，林业产值增加到31.17亿元。近年来，全省各地围绕生态民生林业建设，依托三北工程大力发展花椒、柿子、核桃、红枣等生态经济型防护林，实现了生态效益与经济效益的“双赢”。目前，工程建设区经济林面积2000多万亩，花椒、核桃、红枣面积和产量、产值分别列全国第一、第二、第五位，特色经济林产业已成为建设区广大林农增收的重要来源。

新疆维吾尔自治区以工程建设为抓手，以市场需求为导向，以科技创新为动力，以农民增收为核心，不断加快传统林果业向现代林果业转变步伐，形成的六大特色产业集群包含了众多林下经济产业。

曾经的三北地区植被稀少，木料、燃料俱缺，农业产值低而不稳，农村经济发展缓慢，人民生活水平低下，恶劣的生态环境严重地制约了区域社会经济发展，影响了农民脱贫致富。自从三北工程建设以来，当地经济林果、木材供给、林下经济和生态旅游所带来的产值稳步上升，使区域经济得到快速发展，农民脱贫致富脚步加快，牢固树立了“绿水青山就是金山银山”的发展理念，把造林种草、生态扶贫作为决战决胜脱贫攻坚战的重要切入点，为人民群众培育了增收致富的“常青树”。与经济建设一同进步的是生态文化产业，三北工程自实施以来凭借科学的规划布局，加快了生态文化创意产业和新业态发展的步伐。三北工程通过引导更多社会投资的进入来开发适应市场和百姓需求的生态文化产品，通过发展产业集群来提高生态文化特色产业的规模化、专业化水平，真正将解决人民日益增长的物质文化需求与满足人民日益增长的美好生活需要相结合，为实现中华民族伟大复兴、永续发展贡献智慧和力量。

## 二、驱动政治改革

作为我国生态文明建设的重要标志性工程，三北防护林建设工程实质上应对的不仅仅是不断积累的生态环境问题，也是实现中国特色社会主义生态文明制度的不断完善和环境治理体系与能力现代化的“政治任务”。水土流失、风沙灾害等问题的呈现同时挑战经济社会发展模式的可持续性、人民群众生活质量与身心健康、公众对于社会主义现代化及其未来愿景信心等核心性方面的严肃政治问题，以至于中国共产党及其领导的人民政府必须从执政目标的政治高度来认真应对。

这一场艰苦卓绝的绿色革命离不开党中央、国务院的坚强领导，也离不开三北地区各级党委、政府及林业部门的引领，更离不开各族干部群众的顽强拼搏。在过去的40多年间，三北防护林工程不断突破体制障碍，强化工程管理和保护力度，形成了构建“绿色长城”的发展合力，为中国生态治理积累了宝贵的经验，也为全球生态治理提供了优质的中国经验、中国方案。

### （一）创新体制机制

#### 1. 执行谁造谁有，允许继承、转让

一期工程开始不久，各地结合农村联产承包责任制的落实，大力推行了承包造林，实行“谁造谁有，允许继承和转让”和“国家、集体、个人一起上”的政策。这一政策的推行，促进了造林生产责权利的结合，明晰了产权关系，调动了农民造林积极性。推行这一政策之后的3年（1983—1985年），是三北工程20多年的建设历程中完成造林最多的时期。其中1984年三北地区人工造林作业面积就达到222万公顷，为三北工程建设历年之最。

2. 推行统分结合和“两工”政策

我国随着农村改革的深入，结合农村双层经营体制改革和全民义务植树等政策的实施，推行“两工”（义务工和劳动积累工）造林和“四统一分”（统一规划、统一标准、统一造林、统一验收、分户经营）的统分结合的造林政策。这一政策的推行，探索了工程建设新的组织形式和利益激励机制，较好地解决了三北工程这项劳动密集型工程的动力问题，促进了按山系、按流域的规模治理，推动了工程建设的稳步发展，提高了建设质量。

3. 推行“四荒”拍卖和股份合作制造林

进入20世纪90年代后，随着法律制度的不断建立，生产要素市场的日益发展和农村经济情况的大幅度改善，我国开始推行“四荒”拍卖和股份合作制造林政策。这一时期，各地在工程建设中通过完善“四荒”拍卖办法，进一步加大“四荒”拍卖力度，制定、出台了一系列有利于“拍卖”的政策和办法，打破行政区域、所有制和购买者身份的界线，鼓励不同经济成分主体，购买“四荒”植树造林，允许继承、转让，进一步稳定林地所有权、搞活林地使用权和经营权，保障了农民收益权，并对个体造林、育林大户给予一定的经济扶持和必要的信贷支持，充分调动了社会团体、个人和农户投身于三北工程建设的积极性，保证了防护林工程建设的资金投入和活劳动投入。

4. 大力发展非公有制林业

20世纪90年代后期，一些地方逐步建立了中幼龄林买卖市场，创办家庭林场、股份制林场，盘活林地和林木资源，积极执行非公有制林业政策。这一政策的推行，为有经济实力的投入主体参与林业建设提供了一个广阔的空间，促进了林业投入主体的多元化。四期工程建设以来，我国坚持以“明晰林木所有权、放开使用权、搞活经营权、落实处置权、保障收益权”为主线，全面落实“谁造谁有、合造共有”的政策，进一步明确了各类社会主体投入林业建设的法律地位，极大调动了民营企业、社会团体、个人投入工程建设的积极性，非公有制林业取得了长足发展，由“另册”进入“正册”三北工程建设的多元化投入格局已经形成。

5. 实行森林生态效益补偿

20世纪80年代中期，辽宁、内蒙古、新疆等省（自治区）先后制定从水资源、风景区、矿产等部门的收益以及从国家工作人员的工资收入中提取生态建设补偿费的地方政策，这一政策的推行在一定程度上缓解了三北工程建设资金不足的状况。四期工程期间，随着国家生态公益林补偿政策的实施，工程营造的符合国家生态区位条件的防护林，纳入中央森林生态效益补偿资金的补偿范围；部分区划为地方生态公益林的防护林，纳入地方森林生态效益补偿资金的补偿范围。2015 年，中央财政提高国有国家级公益林补偿标准，由每年每亩 5 元提高到 6 元。2010 年、2013 年国家提高集体（个人）所有的国家级公益林补偿标准，由每年每亩 5 元分别提高至 10 元和 15 元。

6. 集体林权制度改革

2008 年以中共中央、国务院出台的《关于全面推进集体林权制度改革的意见》（中发〔2008〕10 号）为标志，国家大力推进集体林权制度改革，集体林依法明晰产权、放活经营、规范流转、减轻税费，进一步解放和发展林业生产力，三北防护林建设也逐渐趋于规范，出现了不栽无主树、不造无主林的局面，实现了“山定权、树定根、人定心”的愿景，造林也初步形成“权、利、责相统一，种、育、管相衔接”的局面。集体林权制度改革分山（沙）到户、确权到人，极大释放了人的潜能、林地的潜力、林业的多种功能，为广大农民群众积极投身工程建设搭建了平台，开辟了渠道，实现了资金、土地、劳动力等生产要素向三北工程的涌动和聚集。

7. 深化三北工程建设改革

2014 年 12 月 12 日，国家林业局（现国家林业和草原局）下发《关于进一步深化三北防护林体系建设改革的意见》（林北发〔2014〕171 号）（简称《意见》），对深化工程建设改革进行了有益探索。《意见》首次提出了“以水定林”的技术方针，在年降水量 400 毫米以下的地区以灌草为主，营造多种形式的混交林；首次提出了建立生态风险评估制度，对工程区内开发建设项目开展环境影响评价；首次提出了造林面积报损核减的概念。在投入补贴政策方面，《意见》将造林基础设施建设、抚育管护纳入投资范畴；凡纳入工程建设范围的造林不分林种树种、不限比例、不分所有制，同等享受工程建设补助政策；将退化林分修复纳入工程新造林范围，享受新造林补贴政策。在生态效益补偿方面，《意见》提出三北工程营造的生态公益林，原则上纳入国家和地方生态公益林补偿范围，同时，探索建立政府直接收购公益林、跨区域生态补偿等市场化机制。在金融扶持政策方面，《意见》强调要建立和完善工程建设林业信贷担保机制，拓宽信贷担保物范围，完善政府扶持的林业保险机制，积极推进政策性森林保险工作。在考评验收机制上，《意见》强调要建立工程建设标准体系，合理确定防护林初植密度，完善封山（沙）育林考核验收标准，将藤本植物纳入工程建设内容。

### （二）强化工程管理

三北防护林工程建设以来，为了推进工程建设走上正轨，政府和相关部门相继颁布了一系列管理方法和法律法规。在党中央、国务院的领导下，我国充分结合中国国情，取得了卓越的预期效益，显示了社会主义制度的优越性。

1. 国家出台的相关政策

1981年3月8日，中共中央、国务院出台《关于保护森林发展林业若干问题的决定（中发〔1981〕12号）》，提出“‘继续抓好’三北防护林体系和速生用材林基地建设，因地制宜地大力发展各种经济林木”。2003年，中共中央、国务院出台《关于加快林业发展的决定》（中发〔2003〕9号），确立了以生态建设为主的林业发展战略，明确提出“继续推进‘三北’、长江等重点地区的防护林体系工程建设，因地制宜、因害设防，营造各种防护林体系，集中治理好这些地区不同类型的生态灾害”。2015年2月，中共中央、国务院印发《国有林场改革方案》和《国有林区改革指导意见》（中发〔2015〕6号），提出“围绕保护生态、保障职工生活两大目标，推动政事分开、事企分开，实现管护方式创新和监管体制创新，推动林业发展模式由木材生产为主转变为生态修复和建设为主、由利用森林获取经济利益为主转变为保护森林提供生态服务为主”。2018年，中共中央、国务院出台《关于实施乡村振兴战略的意见》（中发〔2018〕1号），提出“继续实施三北防护林体系建设等林业重点工程，实施森林质量精准提升工程”。

2. 防沙治沙法律法规

2001年，国家颁布实施《中华人民共和国防沙治沙法》；内蒙古、甘肃、四川、新疆等省（自治区）相继出台省级《实施〈中华人民共和国防沙治沙法>办法》等地方法规；宁夏、黑龙江、甘肃等省（自治区）相继制定省级《防沙治沙条例》。这些法律法规推进三北工程建设的法律支撑体系不断健全。

3. 工程项目管理相关政策

三北工程第一阶段，国家先后制定《三北防护林体系建设计划管理办法》《三北防护林体系建设资金管理办法》等11项管理办法，形成了一套较为完善的管理体系和组织实施措施。四期工程实施以来，我国在工程组织、计划、质量、资金管理等方面不断创新完善工程管理制度。国家先后出台《三北防护林重点区域建设项目管理办法》《三北防护林体系重点工程建设检查验收办法》《三北工程科技推广项目管理办法》《三北防护林优质重点工程项目评选办法》和《优秀办站考评办法》等工程管理制度。辽宁、陕西、山西、甘肃、宁夏、新疆等省区先后出台《三北工程检查验收办法》《三北工程资金管理办法》等管理制度。进入五期工程，结合工程管理的重点领域与关键环节，国家林业局（现国家林业和草原局）下发《三北防护林体系建设工程计划和资金管理办法（试行）》。三北局出台《三北防护林体系建设工程重点项目检查验收暂行办法》《三北防护林体系建设年度优质工程评选办法》《三北工程黄土高原综合治理林业示范建设项目管理暂行办法》等工程管理制度。河北、山西、黑龙江等省区结合实际，先后修订本省《三北防护林工程管理办法》。

4. 地方出台相关政策

四期工程建设中，各地纷纷制定和出台了封山（沙）禁牧条例和办法，按照统筹规划、以封为主、禁牧与圈养、恢复生态和保护农民利益相结合的原则，对工程建设区和生态脆弱区实行全面禁牧，转变农牧业发展方式，实行舍饲圈养、围栏封育。2013年，《巴音郭楞蒙古自治州农田防护林建设管理条例》（简称《条例》）颁布实施，明确农田防护林建设标准，落实农田防护林规划；确定州、县财政安排一定比例资金用于农田防护林建设；在水资源紧缺的情况下，制定农田防护林用水规划，确保农田防护林用水。同时，州人民政府还与各县市人民政府签订“自治州农田防护林建设责任书”，落实领导干部任期考核。《条例》为推进自治州农田防护林建设管理提供了法律依据。

### （三）形成发展合力

1. 三北工程是集中力量办大事的体现

三北工程是依靠和发挥各级政府的组织领导作用，动员和组织广大干部群众，积极投工投劳，全社会参与，多部门协作、协调配合，形成合力的典型，形成了以上率下，一级做给一级看，一级带着一级干的良好氛围，集中体现了社会主义制度能够集中力量办大事的政治优势。1978 年 11 月 25 日，党中央、国务院作出了建设三北工程的重大战略决策，开启了我国重点生态工程建设的历史新纪元。40 年来，在党中央、国务院的正确领导下，在全社会、各行业的大力支持下，三北地区各级党委、政府组织带领广大干部群众，万众一心，攻坚克难，探索出了一条具有中国特色的防护林体系建设道路，为全国乃至世界生态建设提供了伟大范例。

2. 全民参与创造历史

三北工程形成了以中央投资为导向，群众投工投劳投资占主体的三北工程建设模式。一期工程实际完成投资 94. 73 亿元，其中群众投工投劳投资 91. 34 亿元，占实际投资总数的 95. 61%；二期工程实际完成投资 207. 98 亿元，其中群众投工投劳投资 196. 00 亿元，占实际投资总数的 94. 24%；三期工程实际完成投资 174. 54 亿元，其中群众投工投劳投资 152. 23 亿元，占投资总数的 87. 22%；四期工程实际完成投资总数为 197. 41 亿元，其中群众投工投劳投资 29. 81 亿元，占投资总数的 15. 10%；五期工程（2011—2017 年）实际投资总数为 258. 28 亿元，其中群众投工投劳投资 21. 17 亿元，占投资总数的 8. 20%，2000 年前，累计群众投工投劳折资占国家总投资的比例超过 92%，40 年累计群众投工投劳折资占国家总投资的比例为 52. 58%，群众投工投劳对完成三北工程建设占主导地位，对推动工程起到了决定的作用。因此，三北工程建设的 40 年，也是人民群众创造历史的 40 年。

## 三、促进社会进步

三北工程是生态文明建设的一个重要标志性工程，也是促进社会进步的生动案例。工程实施后社会效益显著，人民力量凝聚的“三北”精神为“绿色长城”树起了一面旗帜，绿色惠民的效应越来越凸显，为推进生态文明建设奠定了坚实基础。40多年来，三北工程聚力兴绿富民，当地人民充分利用大自然赐予这方土地的充足光热资源和广阔土地优势，坚持生态经济型建设思路，把生态治理同脱贫致富结合起来，造一片林子，绿一处荒山，富一方百姓。荒沙秃岭变成了金沙银山、财富之源，依靠特色林果业、森林旅游等产业，当地贫困群众实现了稳定脱贫。

2020年入春以来，三北各地克服新冠肺炎疫情带来的不利影响，坚持为人民种树、为群众造福的目标导向，把造林种草、生态扶贫作为决战决胜脱贫攻坚战的重要切入点，抢林时、赶进度，统筹推进三北工程建设与生态扶贫协调发展，三北建设者学习攻坚克难、久久为功的奋斗精神，有爱岗敬业、开拓进取的工匠精神和淡泊名利、默默无闻的奉献精神，是人民群众培育增收致富的“常青树”。

### （一）生存发展空间极大拓展

三北工程突出重点区域防护林建设，改善区域生态，采取积极稳妥的措施，加快退化林修复改造工作由试点到全面推开的脚步，分类开展退化林修复改造。

三北工程建设规模宏大，点多、线长、面广，对工程区的小气候产生了较大的影响。工程实施前三北地区年风沙日数多达30至100天，通过三北工程的实施，屡屡光顾华北大地的沙尘暴退缩了，人们享受到了更多的蓝天白云和清洁的空气。在“十三五”期间累计治理沙化和石漠化土地1.8亿亩，沙化土地封禁保护区面积扩大到2660万亩，荒漠化沙化面积和程度持续降低，沙尘暴天气次数明显减少。

据测定，目前中西部地区大风次数比40年前下降了67%，8级以上大风天数下降60%，平均风速下降了55%，年降水量增加了13%，年蒸发量减少18%，无霜期延长12.5天，西部绿色屏障使346万公顷农田和牧场得到有效庇护。中西部地区形成带、网、片相结合的大型防护林体系，使得区域性生态环境得到了较好治理。

### （二）农民增收致富步伐加快

在我国，贫困地区和生态敏感地区存在着高度的交叉重叠状况。针对林业草原施业区、生态重要或脆弱区、深度贫困人口分布区“三区”高度耦合的现实情况，国家林草局明确了生态护林员精准到人头，退耕还林精准到农户，木本油料等产业精准到政策，定点帮扶精准到脱贫摘帽；通过开展国土绿化、发展特色林果、扩大森林旅游巩固脱贫成果的“四精准三巩固”扶贫思路，加大林草总量，深入推进生态修复脱贫；强化资源管护，扎实推进生态保护脱贫；加强产业开发，大力实施生态产业脱贫；强化科技支撑，促进智力扶贫；加强组织领导，以生态脱贫新成果检验“不忘初心、牢记使命”主题教育新成效。我国着力推进生态补偿扶贫、国土绿化扶贫、生态产业扶贫三大举措，帮扶贫困地区群众走出了一条生态保护和脱贫增收相互促进、相得益彰的发展之路。

特色林果业是三北地区的优势所在，也是生态扶贫的重要载体。在三北防护林建设期间，全国各地相继开始打出“特色林产业牌”，着力在调结构、扩内涵、增效益上下功夫，培育人民群众增收致富的长效产业。

### （三）国际影响力显著提升

三北工程是迄今世界上最大生态工程，保持着吉尼斯纪录，被联合国环境规划署授予“全球 500 佳”，是对全球生态安全建设贡献中国智慧的核心工程。三北工程极大提高了区域森林覆盖率，增加了碳储量，为应对气候变化做出突出贡献。干旱半干旱区约占全球陆地表面积的 34.9%，居住着约 15 亿人口，在这一区域，以荒漠化和沙漠化为主要特征的土壤、植被、水资源和生物多样性的退化现象仍呈加剧趋势。干旱半干旱区生态系统治理是一个世界性难题，全世界 2/3 的国家和地区受到干旱半干旱的危害，且这一趋势还在不断加剧，加快干旱半干旱区生态治理与修复已成为国际社会的广泛共识。三北工程被誉为“世界林业生态工程之最”，成为世界干旱半干旱区生态治理的典范。1987 年以来，先后有三北局、宁夏中卫、新疆和田等十几个单位被联合国环境规划署授予“全球 500 佳”奖章，2003 年 12 月 28 日，三北工程获得“世界上最大的植树造林工程”吉尼斯证书，成为我国在国际生态建设领域的重要标志和窗口。三北工程用了一半的建设时间完成了 70% 以上的造林任务，构筑了北方绿色长城，创造了生态建设史的奇迹，确立了三北工程在我国以及世界生态建设中的重要地位。

中国的三北工程不仅是中国自身的一个生态建设工程，而且关系到世界利益，三北工程为全球旱区生态治理提供了宝贵经验，对于推动全球生态治理进程具有十分重要的意义。全球都可以学习中国的经验，学习中国所选择的未来发展路径，也就是生态文明。我国未来将通过“一带一路”建设等多边合作机制，互助合作开展造林绿化，共同改善环境，积极应对气候变化等全球性生态挑战，推动形成合作共赢的全球生态治理体系，不断提升全球干旱半干旱区生态治理水平。我国拓展“一带一路”陆海丝绸之路生态文化交流，以开放促发展，以合作促共赢，体现中国在国际上的大国形象，加强与其他国家的绿色生态战略合作。

目前库布其沙漠已成为世界上唯一被整体治理的沙漠，并被联合国环境规划署确定为全球沙漠生态经济示范区，其治理模式受到国际社会的高度认可，巴黎气候大会称之为“中国样本”。英国《新科学家》周刊网站 2014 年在题为《“绿色长城”阻止中国沙漠向前推进》的报道中指出，目前，中国正在阻止沙漠向前推进。一项新的调查报告显示，“绿色长城”似乎起到了作用，横跨中国北方大地的三北防护林可能是地球上最大的生态工程建设项目。这个世界上人口最多的国家尽管正面临无法回避的环境问题，但就在世界其他一些地区正逐渐走向荒漠化时，中国正在逐步恢复绿色。

德国之声电台网站 2017 年 8 月报道，中国获得了世界未来委员会颁发的“未来政策奖”银奖，该奖项旨在表彰世界上防治荒漠化与土地退化的最佳政策。世界未来委员会理事会理事亚历山德拉·汪戴尔说：“中国获得 2017 年‘未来政策奖’银奖等于释放了一个强有力的信号，就是一个易受荒漠化和气候变化影响的国家，可以找到一个睿智且行之有效的方式，来应对一个全球性的挑战。中国和其他‘未来政策奖’得主均在全球环境保护中发挥着‘引领者’的作用。”

在 2017 年 12 月举行的第三届联合国环境大会上再次刮起“中国风”，联合国环保最高荣誉——“地球卫士奖”颁给了塞罕坝林场建设者。中国的植树造林也为世界提供了宝贵经验。

南非《独立报》网站2017年的文章称，中国解决沙漠化问题的模式可以在世界不同地区复制。联合国防治荒漠化公约秘书处执行秘书长莫妮克·巴尔比称，中国对沙漠的治理可成为全球楷模，因为它强调了生态系统、经济和人之间的平衡。如今，在尼日利亚、摩洛哥等国，中国人正在向世界传授防沙治沙经验。

## 四、构建安全屏障

三北工程是习近平生态文明思想的生动诠释，是生态文明建设的重要里程碑。生态环境既是绿色生产力的重要组成部分，又是社会生产力文明进步的基础，其中森林生态系统是自然功能最完善、最强大的资源库、基因库和蓄水库，具有调节气候、蓄水固土、防风固沙、吸霾滞尘、积累负氧离子、保护生物多样性等多种生态功能。三北工程区通过40多年的持续建设，保护和发展了森林资源，增强了当地生态功能，对改善生态环境、维护生态平衡起着决定性的作用，在水土流失、沙化土地治理、生物多样性保护和应对气候变化等方面取得了重大阶段性成效。

### （一）水土流失治理

三北工程建设40多年来，工程区内水土流失面积和侵蚀强度呈“双减”趋势。水土流失面积从1978的0. 67亿公顷下降到2017年的0. 22亿公顷，水土流失面积相对减少了66. 58%。按侵蚀级别来看，剧烈水土流失面积减少了87. 87%，极强度水土流失面积减少了93. 69%，强度水土流失面积减少了95. 76%，中度水土流失面积减少了92. 46%，轻度水土流失面积减少了38. 53%。与此同时，水土保持林的面积逐年提升，1978年为1. 72×107公顷，1990年为2. 03×107公顷，2000年为2. 65×107公顷，2010年2. 86×107公顷，2017年2. 92×107公顷。在40多年的时间里，水土保持林面积相对增加了69. 23%。

40多年来，黑龙江省克服自然环境恶劣、经济基础薄弱、技术力量落后等诸多困难，经过长期不懈努力，区域生态环境发生根本改善，一个以农田防护林为基本框架，山、水、林、田、路综合治理，多林种、多树种并举，网、带、片，乔、灌、草结合，农、林、牧彼此镶嵌，互为一体的综合防护林体系已基本建成，防护林体系发挥了巨大的生态、经济和社会效益。

甘肃省三北工程建设坚持以生态修复为核心，以小流域综合治理为突破口，按山系、分流域整体推进，山水田林路统筹规划，协同发展。陇东黄土高原实现了由黄到绿的历史性转变，生态恶化状况呈现出整体遏制、局部好转的态势。40 多年来，全省涵养水源面积 86.55 万亩，累计治理水土流失面积 4386.6 万亩，全省黄河流域累计减少泥沙 20 多亿吨，年均减少 8000 万吨；累计拦蓄径流 200 亿左右立方米，年均拦蓄 7.3 亿立方米，流入黄河的泥沙量明显减少；一些重点水土流失区域的土壤侵蚀模数由工程实施前的 5000 吨/平方公里—7000 吨/平方公里，减少到现在的 2000 吨/平方公里—4000 吨/平方公里，重点治理的黄土高原区 50%以上水土流失面积得到不同程度控制。

三北防护林工程便捷有效地控制了青海省的水土流失，减轻了自然灾害带来的严重后果。项目实施以来，青海省共营造水土保持林 300 万亩，治理水土流失面积 1195 万亩，控制水土流失 5486 平方千米，占建设区水土流失面积的 20%以上。

宁夏多年来持之以恒地推进生态林业建设工作，水土保持工作取得了显著成效，生态环境面貌得到巨大改善。二十世纪五六十年代沙坡头地段每年向邻近黄河干流输沙量约 1.65 万-2.2 万立方米，目前已减少到 0.83 万—1.1 万立方米，沙区治理后，每年约减少输沙量 33%—62.5%。海原县 2010 年前治理程度为 30%，年平均输泥沙量 2022.1 万吨，2017 年监测数据显示海原县每年减少流入泥沙量 25.8 万吨。2013 年启动实施黄土高原综合治理林业示范项目，累计完成小型库坝 4 处，移民搬迁 13 个自然村 2855 户 1.39 万人，封山育林 2670 公顷，人工造林 6366.6 公顷，建苗圃地 1 处 50 公顷，基本实现了水不下山、泥不出沟的目标。

### （二）沙化土地治理

沙化土地不仅包括最近一个世纪主要由于人为破坏产生的沙漠化土地，还包括地质年代主要由于气候变化形成的沙漠、戈壁以及湿润区沿海、湖、河的沙地，是一个广义的沙化土地概念。而沙漠化主要是人类与资源环境不相协调的过度人为活动，所引发的一种以风沙活动为主要标志的土地退化过程。沙漠化属于沙地土地一部分。1978—2000 年呈现沙化土地扩展状态，其中，沙漠化增加了 650 万公顷。2000—2017 年呈现沙化土地缩小状态，其中，1999—2014 年沙化土地减少 177 万公顷，2000—2017 年沙漠化减少 181 万公顷。由于三北工程的实施，工程区内固沙林面积的变化为 1978 年 416 万公顷、1990 年 824 万公顷、2000 年 960 万公顷、2010 年 1000 万公顷、2017 年 1060 万公顷；固沙林面积增加了 641 万公顷，相对增加了 154.33%。

三北工程遏制了风沙蔓延态势，保护了国土生态安全。40 多年来，三北工程在我国北方万里风沙线上，累计营造防风固沙 788.2 万公顷，治理沙化土地 33.62 万平方千米，保护和恢复严重沙化、盐碱化的草原、牧场 1000 多万公顷。工程区沙化土地面积由 2000 年前的持续扩展转变为目前年均缩减 1183 平方千米，沙化土地连续 15 年持续净减少。三北工程有效阻止土地沙化进程，2000 年后呈现出“整体遏制、重点治理区明显好转”的态势；防风固沙林面积显著增加，40 年约增加 154%，对沙化土地减少的贡献率约为 15%。

在内蒙古自治区重点治理的科尔沁沙地荒漠化和沙化土地面积减少 204 万亩，森林覆被率达 27.79%，项目区风蚀沙化得到有效控制，农田、草牧场将得到防护林庇护，生态环境得到明显改善；呼伦贝尔沙地呈现出全面整治的新局面，沙区植被得到有效恢复，林草植被盖度提高 30%，流动沙地植被盖度由原来的不足 5%提高到 40%；浑善达克沙地南缘长 420 千米、宽 10 千米的锁边防护林体系和阴山北麓长 300 千米、宽 50 千米的绿色生态屏障基本形成；毛乌素沙地治理率达到 70%，林草盖度达到 75%；乌珠穆沁沙地林草盖度达到 85%以上。阿拉善盟项目区的沙化土地得到了有效治理，通过飞播造林使林草植被得到迅速恢复和发展，在腾格里沙漠东南缘建成了长 200 千米、宽 3—5 千米的生物治沙带。

我国要做到沙漠合理治理，不仅仅需要在沙漠中铺设不同种类的沙障，沙漠源头的防风固沙林带也是必不可少的。河西北部风沙前沿地带建成了长达 1200 千米、面积 460 万亩的防风固沙林（带），470 余处风沙口得到治理，1400 多个村庄免遭流沙危害。甘肃省第五次荒漠化和沙化监测结果表明：全省荒漠化土地面积 2.93 亿亩，沙化土地面积 1.83 亿亩，与 2009 年第四期监测结果相比，荒漠化土地总面积减少 287.1 万亩，沙化土地总面积减少 111.3 万亩。全省荒漠化土地、沙化土地面积总体呈减少趋势，程度呈减轻趋势，土地荒漠化扩展的态势得到了进一步遏制，沙化土地总体上处于逆转趋势。

作为防沙治沙效果突出的地段，宁夏多年来持之以恒地推进生态林业建设工作，取得了显著成效，防沙治沙工作走在了世界前列。宁夏创新和引领了草方格治沙、全国唯一的省级防沙治沙综合示范区、中卫沙坡头全国第一个国家沙漠公园等多个全国治沙领域的第一。国家林业局（现国家林业和草原局）第五次全国荒漠化和沙化监测结果显示，“十二五”期间，宁夏荒漠化土地和沙化土地面积双缩减，实现了沙化土地连续 20 多年持续减少的目标。与 2009 年相比，宁夏荒漠化土地面积减少 10.97 万公顷，平均每年减少 2.19 万公顷，沙化土地面积总体减少 3.77 万公顷，平均每年减少 0.75 万公顷，实现了“沙进人退”到“人进沙退”的历史性转变，深入践行“绿水青山就是金山银山”理念，坚定不移走出一条因绿而兴、因绿而美、因绿而富的防沙治沙之路。

### （三）生物多样性保护

自三北防护林工程实施以来，诸多省（自治区）、市、县积极响应国家号召，取得的成效显而易见，在生物多样性保护方面取得的胜利不可忽视。

三北工程为甘肃省带来的生态效益显著。甘肃省天水市的豹子沟珍稀植物园是南北两山绿色生态长廊中闪烁华彩的一颗明珠，“天水市南北两山绿化工程纪念碑”就坐落于此。该植物园核心绿地面积 1200 亩，集中体现了南北两山绿色生态长廊建设的巨大成效。由于生态环境优越，园区内的蒙古野兔、刺猬、野猪、小鹿等中小型哺乳动物和雉鸡、喜鹊、绿啄木鸟、斑啄木鸟、斑鸠、黄腹山雀等鸟类的数量也逐年增加，每年会吸引不少鸟类爱好者来园区进行观察、拍照。

通过三北工程建设，新疆生产建设兵团脆弱的生态系统得到恢复，生态环境的自我调节能力得到增强，物种资源不断丰富，种群数量不断增加。目前，兵团现有食用、药用、工艺、固沙、观赏等植物达132科856属，近4000种，其中有经济和药用价值的有1000余种，稀有植物有100余种；野生动物有580多种，其中鸟类340多种，哺乳动物130多种，列入国家保护的珍稀动物有80多种。

### （四）应对气候变化

三北工程区森林通过蒸腾作用，增加空气湿度，同时在蒸腾过程中吸收周边热量而降低区域温度，为区域社会经济活动提供更为舒适的环境。以京津冀、东北地区、黄土高原和新疆作为典型区，说明三北工程区森林通过蒸腾作用降低区域温度并增加区域空气湿度，进而评价三北工程对区域气候的影响。

从温度与湿度的变化来看，三北工程区内的植物生长季（6—9月）平均温度在19.25摄氏度—0.43摄氏度，从1978—2010年持续增加，但在2010—2015年开始下降。对典型区而言，京津冀植物生长季平均温度最高，其次是新疆，黄土高原和东北典型区相对较低。三北工程区植物生长季（6—9月）平均相对湿度在52.86%—53.74%，各年间略有波动。对不同区域而言，东北华北平原农区和黄土高原丘陵沟壑区属于温带季风气候区，生长季平均相对湿度显著高于其他分区。对各典型区而言，位于东部的东北和京津冀相对湿度比较高，而位于西部的黄土高原和新疆相对湿度较低。

三北区域是我国生态系统最脆弱的区域，是国家生态治理的关键区。建设三北防护林体系，因地制宜、因害设防，大规模构建以森林为主体的绿色万里长城，充分体现了党中央建立北疆重要生态安全骨架，防风阻沙固沙、蓄水保土，从根本上扭转区域生态环境恶化的局面，筑牢国土生态安全的根基，体现了国家生态环境长治久安的决心和战略部署。林业作为生态建设的主体，在保护和修复自然生态系统、构建生态安全格局、促进绿色发展、建设美丽中国和应对全球气候变化等一系列重大历史使命中，具有不可替代的独特作用。三北地区缺林少绿，与全国生态状况平均水平相比，仍然是我国森林植被最稀少、生态产品最短缺、生态建设任务最繁重的地区，是建设生态文明、实现美丽中国奋斗目标的短板区域。我国只有恢复绿水青山，才能使绿水青山变成金山银山。

## 第二节　三北工程建设繁荣区域文化

三北工程是我国改革开放以来林业生态建设的标志性工程，也是生态文化建设的独特载体。40 多年来，一代代三北工程建设者薪火相传，继往开来，在荒芜中播撒绿色，铸就起坚实的绿色长城。三北人民披星戴月、战天斗地，积极投身工程建设，谱写了一曲曲改善生态、感天动地的绿色壮歌。

在这举世无双、载入世界生态建设史册的浩大工程中，三北大地由黄到绿，沧桑巨变。同时，人对自然的敬畏、崇拜与认识也得到了深化，人与自然、人与森林之间建立了相互依存、相互作用、相互融合的关系，即独特的三北生态文化。一方面，三北工程以文化人，对引导人民群众正确认识生态环境在我国总体布局中的重要战略地位、深刻了解保护生态环境对于经济社会发展的意义起到了重要的推动作用；另一方面，三北文化为新时代的三北工程建设赋予了新内容、增添了新活力。

### 一、植树造林技术不断优化

三北文化不仅仅是倡导人类社会与自然界和谐协调的精神力量，也是人类为了更好地生存与发展所采取的制度策略和科学技术。经过 40 多年的建设与发展，三北工程在造林理论、造林技术、造林模式、防护林经营、关键领域技术等方面取得了一系列重大突破，极大地推动了我国林业科技的全面发展，也丰富了我国生态文化的内涵。

在理论上，三北工程实现了“四个突破”。一是突破了以往防护林建设单一结构、单一林种的思想，第一次提出要建设防护林体系的思想。二是突破了单一生态防护林建设的模式，把防护林建设同振兴地方经济和农民脱贫致富联系在一起，第一次提出建设生态经济型防护林体系的思想。三是三北工程突破了过去以生产木材为主的传统林业价值观，第一次把林业建设同改善生态环境、促进经济发展和社会进步结合起来，建设以生态效益优先、三大效益兼顾的防护林体系。四是三北工程第一次把生态环境建设以国家重点工程的形式组织起来，以工程带动生态建设，促进了林业建设全面发展。

在造林技术上，三北工程首先是在防沙治沙方面突破了过去被动的以防和治为主的技术方案，提出了综合治理的思路，实现了在防沙治沙上生态效益和经济效益的良性循环。其次是在干旱、半干旱地区，突破了造林成活率的技术难关，探索出了以径流林业、深栽造林为主的系列抗旱造林技术，使造林成活率提高了23%。再次是在飞播造林方面，突破了年降雨量200毫米的禁区，飞播成效提高20个百分点。最后是在造林方法上，突破过去以造为主的技术难关，加大了封育和飞播造林力度，加快了工程建设步伐。

在造林模式上，三北工程按照遵循自然规律和经济规律的基本要求，不断调整工程建设的技术路线，促进工程建设内部结构不断优化；在发展方式上从单纯造林向造林、保护、经营、利用相结合转变，把管护放在第一位；在造林方式上从注重人工造林向人工造林、封山（沙）育林、飞机播种造林相结合转变，把封山（沙）育林摆在突出的位置；在林分结构上从营造纯林向营造混交林、复层林、异龄林相结合转变，把营造混交林作为首要任务；在林种结构上从营造防护林为主向防护林和经济林、用材林等多林种相结合转变，把适地适树作为基本遵循；在树种结构上从造乔木为主向乔灌草、针阔叶树种相结合转变，把灌木林放到了优先发展的位置；在种苗培育上从引进外来树种为主向因地制宜大力发展乡土树种为主转变，把乡土树种作为各地工程造林的首选品种。

在防护林经营上，四期工程突破了传统农防林建设模式，首次将农田防护林更新改造纳入建设内容，按照“生态优先、过熟林优先、采劣留优、相对集中、采造挂钩”的原则，研究提出了“半带更新、全带更新、隔带更新、滚带更新”的技术模式，为三北工程农田防护林建设在理论和技术层面进行了有益的探索和实践。针对工程建设面临的林分老化、生长量下降、生态防护功能减弱等突出问题，五期工程首次把退化林分修复这一项纳入工程造林中，分析了三北地区退化林分现状及成因，提出了三北工程退化林分修复措施，填补了我国在退化林分修复研究领域的空白，探索了防护林体系建设可持续发展的技术路径。此外，在科学研究上，中国科学院沈阳应用生态研究所2003年针对防护林的经营撰写了《防护林学经营》一书；2006年针对固沙林衰退问题，撰写了《我国防护林衰退问题的思考与对策建议》国家咨询报告，针对三北防护林工程建设30年的成效，撰写了《三北防护林工程建设成效、存在问题与未来发展对策建议》国家咨询报告，这些为三北防护林的经营提供了科学依据。

在关键领域技术突破上，三北工程借助948项目“林木、花卉容器育苗中的先进控根技术及材料引进”，在国内首次利用影像扫描技术数量化研究了控根技术对根系组成和根系结构的影响；开展了“国黑核桃与中国核桃种间杂交试验及繁育技术应用研究”，研发了7个成活率大于95%的优系无性繁殖方法；开展了国家863项目“基于多元数据的国家林业生态工程监测与评价网格应用系统”，构建了具有54个节点的林业高性能计算集群环境，整合了与三北工程监测相关的各类数据，实现了多源数据的网格环境共享；利用948项目“三北防护林体系工程营造林管理信息系统建设”，自主研发了无线传感器网络服务系统，实现了远程传感器数据的汇集和在线管理及共享。

## 二、生态意识不断提高

党的十八届五中全会通过的《中共中央关于制定国民经济和社会发展第十三个五年规划的建议》，确立了创新、协调、绿色、开放、共享的发展理念，这是我国走向生态文明新时代的行动纲领和克服生态危机、推进经济社会转型发展的文化选择和深刻变革，具有划时代的里程碑意义。到2020年，生态文明教育普及率由2015年的80%提高到85%，积极培育生态文化，将生态价值观、生态道德观、生态发展观、生态消费观、生态政绩观等生态文明核心理念，纳入社会主义主流价值观，成为国家意识和时尚追求。

各族人民为三北工程建设付出了代价，做出了贡献，寄予了厚望。三北工程建设改善、拓展了中华民族的生存、发展空间，也改变了亿万三北人的命运。我国通过工程持续建设，唤醒了人们的生态意识、绿化意识和环境意识，激发了建设区广大干部群众投身建设绿色家园的积极性，造林绿化、保护环境已成为民众自觉行为。在三北工程区各族人民心里，三北工程既是林业生态重点工程建设的首开先河的一面旗帜，更是林业建设史上一座成就卓著的丰碑。

我国将生态文化教育纳入国民教育体系，文教主管部门组织编制规范化的生态文化教科书，将生态文化教育课程纳入教学大纲。从青少年抓起、从学校教育抓起，着力推动生态文化进课程教材、进学校课堂、进学生头脑，全面提升青少年生态文化意识，启迪心智、传播知识、陶冶情操，在格物致知中培育中华生态文化的传承人。三北工程改革创新、协同发展生态文化传播体系，综合运用部门宣传和社会宣传两种资源、两种力量，运用中央媒体和地方媒体两个平台，形成优势互补、协同推进的新闻宣传格局。三北工程依托高新技术，大力推动传统出版与数字出版的融合发展，加速推动多种传播载体的整合，努力构建和发展现代传播体系。三北工程充分发挥生态、环境保护、国土资源、住房城乡建设、教育、文化、社科等各类行业报刊、互联网等作用，巩固生态文明宣传权威媒体主阵地，拓展新闻视野，综合运用多种新闻宣传手段和形式，加大新闻报道力度，增强新闻宣传的吸引力和感召力；完善新闻发布机制，加强舆论监督引导，把握新闻发布主题和时机，增强新闻发布的时效性、针对性和影响力；着力提高生态文化建设新闻、图书出版水平，通俗易懂、图文并茂的生态文化科普宣教系列读物，增强社会传播的吸引力和感召力。三北工程构建统筹协调、功能互补、覆盖全面、富有效率的生态文化传播体系。

### 三、生态文化资源不断丰富

三北工程建设40多年来，随着生态环境的改善，生态旅游取得了巨大发展，初步形成了以森林公园网络为骨架，湿地公园、沙漠公园等为补充的生态旅游发展新格局。通过三北工程的实施，各工程区结合区域自然资源优势，因地制宜建设森林公园、湿地公园和沙漠公园，营造优美的景观环境，为周边群众提供了良好的生态服务。据统计，2004年到2016年三北工程区共建设森林公园8572处，其中国家级3615处，省级4357处，县级600处。三北工程区共建设国家湿地公园324个，共建设国家沙漠（石漠）公园90个，增强了人与自然之间的交流，增进人对生态文明的理解，同时使人们的身心得到愉悦放松，提高人们对生态文化的认识和关注，促进生态环境良性发展。

党的十八届五中全会通过的《中共中央关于制定国民经济和社会发展第十三个五年规划的建议》，确立了创新、协调、绿色、开放、共享的发展理念，这是我国走向生态文明新时代的行动纲领和克服生态危机、推进经济社会转型发展的文化选择和深刻变革，具有划时代的里程碑意义。截至2015年，国家林业局（现国家林业和草原局）与教育部、共青团中央已共同确定了76个“国家生态文明教育基地”；24个省区市的96个城市获得国家林业局（现国家林业和草原局）授予的“国家森林城市”称号；中国生态文化协会遴选命名全国生态文化村441个、全国生态文化示范基地11个、全国生态文化示范企业20家；举办生态文化高峰论坛、生态文明论坛及林博会、绿化博览会、花博会、森林旅游节和竹文化节等活动，发挥了弘扬生态文化、倡导绿色生活的引导作用；我国4300多个森林公园、湿地公园、沙漠公园和2189处林业自然保护区，森林旅游和林业休闲服务业年产值5965亿元；森林文化、竹文化、茶文化、花文化、生态旅游、休闲养生等生态文化产业，正在成为最具发展潜力的就业空间和普惠民生的新兴产业。

三北工程启动后的40多年间，三北地域在几代人的探索、建设和发展中形成了丰富而独特的三北森林文化。它是最古老最朴实的生态文化，是生态文化体系的重要组成。我国大力培育和发展森林文化，在提高全民生态意识、推进生态文化建设中，具有独特而又重要的地位。在三北工程生态文化的推动下，我国的生态文明建设将进入良性循环，逐步达到更高的境界，蓝天、碧水、青草、绿树的梦中世外桃源将呈现在现实中。与此同时，三北工程是支撑三北地区生态文化建设实践的主阵地，“天人合一”“道法自然”等生态文化哲学智慧，为工程建设提供强大的力量源泉。

## 第三节 生态文化推动三北工程建设

40多年来，以三北工程文化为代表的生态文化，在推动三北工程建设、乡村振兴、绿色发展和文化繁荣中发挥着重大作用。

三北工程是三北工程文化的基础，三北工程建设创造了三北工程文化，没有三北工程建设，就没有三北工程文化；反过来，三北工程文化巩固发展了三北工程，推动三北防护林建设事业进入新境界。

三北工程的巩固发展需要强大的物质力量，也需要强大的精神力量。文化的力量深深熔铸在民族的生命力、创造力和凝聚力之中，和其他事业一样，三北防护林建设的每一次跃进、每一次升华，无不伴随着文化的历史性进步。没有先进的文化引导，没有三北人精神世界的极大丰富，没有三北人精神力量的不断增强，三北工程不可能实现稳定持续的健康发展。在三北工程建设中，文化起到了思想引领、典型示范、模式推广、教育促成、制度支撑等多方面作用。

### 一、思想引领

三北工程创造了独特的生态文化思想，这些思想丰富了人们的精神世界，转变了人们的思想观念，激发了人们投身三北生态建设的积极性，为三北工程巩固发展创造了良好的思想基础。经过40多年的发展，三北工程建设思想初步形成，主要内容有：

#### （一）持之以恒、坚持不懈的思想

建设林业生态工程不是一蹴而就的事情，需要几十年持续奋斗才能成功。三北工程是为改善三北地区生态环境而兴建的跨世纪林业生态工程，73年的规划，没有长时间连续实施，很难达到生态修复和保护的目的。林业生态工程是长期工程，各级和各届地方政府按照总体规划要求，一张蓝图绘到底，坚持不懈坚持下去，既符合林业生态工程建设规律，也是各地建设实践经验

总结。历届党和国家领导人持续的关心支持，确保了三北工程各期工程规划持续推进；历任地方党委政府持续常抓不懈，为三北工程的深入发展提供了有力保障和支持。40 多年来，三北工程坚持不懈地推进，在我国北疆构筑起抵御风沙、保持水土、护农促牧、兴林富民的绿色长城，三北工程成为我国实施可持续发展战略的标志性工程，工程时间跨度之大、覆盖范围之广，在世界生态建设史上绝无仅有，不仅为国家重点生态工程建设探索了多种途径，总结了有效治理模式，也为世界各国生态文明建设树立了成功典范，提供了借鉴经验。

### （二）体系思想指导，因地制宜综合施策

“体系思想”指导三北工程，引领其他林业生态工程。三北工程坚持实践生态系统学理论，首次提出了防护林“体系”思想，并把防护林体系建设作为一项大的系统工程，以国家重点项目纳入国民经济和社会发展的整体计划中。根据建设区自然条件严酷、生态灾害频繁、农林牧比例失调的实际情况，突破以往防护林就是建设单一结构、单一林种的思想，把人工治理和自然修复结合起来，建立一个高生产力的、自然与人工相结合的、以木本植物为主体的生物群体，形成一个农林牧、土水林、多林种、多树种、带片网、乔灌草、造封管、多效益相结合的防护林体系。三北工程体系建设思想为我国林业走上大工程带动大发展、生态文明和美丽中国建设提供重要借鉴。三北工程建设 40 多年来，不仅为我国生态工程建设积累了宝贵经验，也走出一条具有中国特色的生态建设道路。在三北工程建设带动下，国家先后启动了长江中上游防护林体系建设工程（1989 年启动）、天然林资源保护工程（1998 年试点，2000 年全面启动）、退耕还林工程（1999 年试点，2002 年全面启动）、京津风沙源治理工程（2002 年启动）、三江源生态治理工程（2005 年启动）和沿海防护林体系建设工程（2006 年启动）等多项林业生态工程，林业生态工程建设的规模越来越大、速度显著加快。

因地制宜综合施策，形成重点区域建设思想。三北工程在建设过程中形成“重点突出、先易后难、典型带动”的局面。在第一、二期工程期间形成了将三北地区划分为东北西部区、蒙新区、黄土高原区和华北北部地区 4 个

一级区以及22个二级区和59个三级区的建设思想。三期工程在一、二期工程建设的基础上集中资金、重点突破，建成毛乌素沙地、河西走廊、京津周围地区绿化工程和京包-包兰铁路两侧南口-巴彦高勒段防护林体系以及樟子松为主的三松造林工程等五项工程。在四期工程中，三北工程建设任务和重点项目向西部转移。三北工程在风沙危害严重地区布局重点建设项目，建设区域性防护林体系；并在不同类型区设立示范区，示范带动提高三北工程的质量、效益和整体水平。五期工程在前面功能区划的基础上调整为东北华北平原农区、风沙区、黄土高原丘陵沟壑区和西北荒漠区4大建设区域，规划建设了“四大防护林体系”。

### （三）生态治理与民生改善协同推进的思想

治理生态环境是三北工程战略目标。生态治理关乎国家长远、关乎民族存续、关乎经济质量，因此，要将生态文明建设作为关系国家和民生发展的百年大计、千年大计。我国四大沙地、八大沙漠以及大面积戈壁都分布在三北地区，风蚀沙化严重，此外，地处黄河中、上游的黄土高原大部分也位于三北地区。风沙灾害频繁、水土流失严重给三北地区的工农业生产带来极大的生态性灾难，阻碍了国民经济的发展。建设三北工程，治理生态环境，充分体现了党中央在建立北疆重要生态安全骨架，防风阻沙固沙、蓄水保土方面的重视，从根本上扭转区域生态环境恶化的局面，筑牢国土生态安全的根基，力保国家生态环境长治久安的决心和战略目标。

民生改善是三北工程战略任务。三北工程始终坚持将生态环境治理与民生改善协同推进，以生态治理为着力点，实行生态、经济、社会效益有机结合，坚持把工程建设与区域经济发展、农民群众脱贫致富相结合，改变建设单一生态型防护林的模式，走生态经济型的建设之路。工程建设中，我国坚持因地制宜、科学布局，实行带片网结合，注重人居环境建设与工程建设的有机结合，既整治了国土，又缓解了农林牧用地矛盾；坚持乔灌草、多林种、多树种相结合，坚持资源建设和开发利用相结合，在适宜地区实行林粮、林药、林草间作，既防治了风沙危害和水土流失，又增加了农民收入，实现了生态与经济、兴林与富民的有机统一。

三北工程建设思想的形成，为三北工程建设提供了思想指引，是巩固发展三北工程的强大思想武器。

## 二、典型示范

三北工程坚持典型示范、突出重点、规模治理，以百万亩人工林基地建设等为引领，先后在四期工程建设期间设立 14 个示范区、在五期工程建设期间设立综合示范区 33 处，通过示范区推广应用新成果、新技术，创新造林营林机制，完善工程管理经验，"以点带面"辐射带动周边地区工程项目实施。

以东北为例，三北工程 40 载，地处科尔沁沙地南部的辽宁省彰武县是防护林建设重点县之一。彰武县沙化土地面积达 368.1 万亩，占全县总面积的 67.4%，是辽宁省最大的风沙区。新中国成立时，彰武县有林地面积不足 18 万亩，森林覆盖率仅为 2.9%。缺少植被的保护，科尔沁沙地肆无忌惮地向周边地区扩展，每到风季，狂沙伴着大风呼啸而来，遮天蔽日，严重干扰着人们日常生活。

面对步步紧逼的风沙，彰武人没有退缩。1952 年，第一代治沙人在沙坨上栽下了数万公顷的樟子松，从此，拉开了全县抗击风沙、保护家园的序幕。1978 年，彰武县被列入三北防护林工程建设重点县，彰武林业迎来了重大历史转折。不屈不挠的彰武人秉承"要生存、先治沙"的理念，坚持不懈地与风沙抗争，用心血和汗水筑起了一道坚实的绿色长城。在不断的失败和摸索中，彰武人想出很多固沙造林的好法子。他们找来农民废弃的玉米秆铺在沙地上挂住沙子，然后栽植树苗；或者用 50 厘米的稻草，埋在地下 30 厘米，地上留 20 厘米，围成草方格，在方格里栽树；有时还用柳条编织成两头开口的笼子，将新栽植的树苗扣上，既可以防止风沙侵蚀，又防止鼠害和牲畜的踩踏，大大提高了造林的成活率。

日复一日，年复一年，满目青翠的林地逐步代替了荒芜的沙地。在这种精神感召下，彰武人民奋勇前行，生态建设突飞猛进。三北防护林工程建设 40 年来，彰武县累计完成治沙造林 126.5 万亩，封山育林 23.8 万亩，飞播造林 17.2 万亩，使全县有林地面积增加到 176 万亩，森林覆盖率增加到 34.5%。

彰武县只是东北地区生态建设丰硕成果的缩影。1978 年，按照国家统一部署，科尔沁左翼后旗开启了三北防护林工程建设。40年前赴后继，40年一以贯之，绿色不断向沙地深处挺进。截至2017年，科尔沁左翼后旗完成三北防护林工程320.55万亩，森林覆盖率由1977年的5.1%提高到21.68%。经过几十年的治理，肆虐的风沙终于没有了往日的猖狂，科尔沁左翼后旗初步建成了布局合理、类型齐全、功能完善的自然生态系统，重现了"天苍苍，野茫茫，风吹草低见牛羊"的生动景象。

除了三北防护林工程东北片区外，蒙新地区、黄土高原地区、华北平原地区也涌现出许多三北工程建设的典型，如新疆维吾尔自治区阿克苏地区、山西省右玉县、内蒙古自治区敖汉旗、河北省塞罕坝林场、陕西省吴起县，这些地区通过大力实施三北工程，改善了生态，发展了经济，促进了当地的物质文明和精神文明，成为持续推进三北工程建设的榜样和力量。

### 三、模式推广

我国坚持依靠科技，加强技术模式创新推广，为三北工程建设注入了强大的动力和持久的活力，使三北工程建设的质量和效益不断提高。

三北工程建设十分重视加强技术培训。据了解，五期工程建设期间共举办全国培训班12期，培训技术人员1000多人次，大力培育工程造林、退化林分修复的专业技术人才和管理人才，高质量推动体系建设。

在前四期工程基础上，第五期工程将工程区划分为东北华北平原农区、风沙区、黄土高原丘陵沟壑区、西北荒漠区，体系建设重心逐步向风沙区和西北荒漠区倾斜。在建设内容上，我国坚持自然修复为主，在保持人工造林规模的同时，逐步扩大封山（沙）育林面积，第五期工程期间封（沙）育林面积占造林任务比重达到47%。在扩大森林植被覆盖的同时，我国遵循防护林建设规律，逐步推进老化、断带等退化林分修复，造林绿化与精准提升森林质量并重，着力建设绿带相连、功能完备、优质高效的北方生态防护屏障。

一方面，我国在工程建设过程中始终坚持科学研究与生产相结合的原则，以科研教学单位为依托，生产、科研、推广配套展开，加大实用技术，实用模式和新成果的研究、开发和推广力度，大力推广先进实用技术，使之尽快转化为生产力，做到了科研和生产有机结合，提高了工程建设质量和工程整体建设效益。

中国科学院沈阳应用生态研究所在2006年针对固沙林衰退问题，提出了纠正顶层设计错误、避免防护林建设中的技术失误（营造混交林、设计造林密度）、减少人为干扰以及加强现有防护林的经营管理等理论（定性经营与管理、以水分/养分为核心的管理体系、结构调控等）；2011年在三北工程建设30年综合评估基础上，针对蒙新区造林保存数量低下、工程对防止沙漠化作用有限、低质/残次林比重大和经营粗放等问题，提出了工程应遵循自然规律，重新区划、正确认识树种生物特征，并制定了三北工程经营技术方案和建设“生态三北”区计划；2017年根据水热因子提出了在我国北方重大生态工程适宜区推行“塞罕坝人工林模式”的建议。

## 四、教育促成

三北工程既是生态工程，也是一个教化工程。伴随三北工程兴起的三北工程文化，虽然不能直接改变生态环境，却能够通过生态教育，改变人们的思想观念、生产方式和生活方式，有力地推动了三北工程建设。

三北工程文化是生态文化的重要组成部分，也是生态文化的丰富和发展。三北工程实践催生了三北工程文化，而三北工程文化固化为制度、内化于人心、实化于实践、外化于形象，以正确的舆论引导人，以高尚的精神塑造人，以优秀的作品鼓舞人，在工程建设中发挥了不可忽视的作用。如生态文学作品，特别是以三北工程建设为主题的生态文学作品，在教育群众、动员群众、组织群众参与三北工程建设中发挥了积极作用。近年来，我国出现了一批描写三北地区治沙治污、退耕还林、绿化祖国、建设美丽中国主题的文学作品，绿色写作、生态文学渐渐在中国崛起。李青松在《生态文学绿意盎然》一文中指出，“生态文学作家将人类社会与自然生态作为一个整体进行观照，无论记人、叙事、状物、抒情，或是回溯历史、描摹心灵，都能从关注自然生态到走入人类内心，关注人类普遍精神生态。作家们以人文主义情怀，对人类社会生态问题进行理性深刻的剖析与反省，努力探寻人类走出生态困境的可能出路”。由此可见，生态文学或生态文化可以春风化雨，教化育人，通过改变人的思想观念，进而改变人的行为方式，从而推动三北工程建设。

## 五、制度支撑

通过40年的建设，我国以三北工程为代表的林业生态建设在计划管理、过程管理、质量管理和资金管理等方面形成了比较完备的工程实施管理体系，制定了一整套切实可行的工程管理制度。工程建设管理制度体系日益健全，为三北工程的持续发展提供了完备的制度支撑。如三北工程实施中不断强化全过程管理的制度体系。一是加强工程的前期管理，注重规划和设计对工程建设的指导作用。例如，县级工程建设部门每年都编制详细、科学的三北工程造林实施方案。二是严格资金稽查和审计，加强资金管理和制度建设，使计划、资金管理有法可依、有章可循。例如，河北省严格执行林业项目资金管理制度，依据施工设计批复、施工进度、造林成效及时拨付、下达，确保资金运行安全、高效。三是制定工程建设的各项技术标准和规程，推行专业队造林，做到施工单位有资质、施工有监理。例如，内蒙古三北工程严格采用招投标制、报账制、监理制等管理制度，推广了合同制造林、先造后补、专业队造林等造林机制，调动了全社会参与造林绿化的积极性。四是强化工程建设全过程管理，把工程质量管理触角延伸到工程建设的各个方面与环节。例如，三北五期工程百万亩防护林建设，项目执行期间，高度重视监督检查工作，按照拟定的《三北工程体系建设工程百万亩防护林基地管理办法》的要求，实行县级自查、省级复查、国家林业局（现国家林业和草原局）三北工程建设局检查的三级检查体系，对于项目执行不力、质量不佳的进行通报批评，限期整改。三北工程启动实施以来，从国家到地方逐步建立了职能健全的工程管理机构，形成了一套完善的工程建设管理制度体系，积累了丰富的工程建设经验，培养了一大批工程管理和科技人才，林业专业化队伍不断壮大。进入三北五期工程阶段，各地逐步探索并推行了资金报账制、工程监理制、工程招投标制等多种适应社会主义市场经济体制的工程管理制度，为全面推进三北工程提供了有力的制度保障。

## 第四节 生态文化推动乡村振兴

2021年2月，习近平总书记在全国脱贫攻坚总结表彰大会上宣布中国完成了消除绝对贫困的艰巨任务，同日，有近40年历史的“扶贫办”牌子被“国家乡村振兴局”取代，意味着中国进入乡村振兴新阶段。

三北工程及其文化建设，不仅使三北地区生态环境得到明显改善，促进当地农村经济快速发展，推动当地农村产业结构调整，而且加快了三北地区农民脱贫致富的步伐，促进当地乡村生态文化繁荣兴盛，为实现当地乡村振兴提供生态和文化保障。

### 一、成为生态宜居的基本内容

三北工程最初定位是一项生态建设工程，而良好的生态环境是人类生存与发展的保障，是经济社会得以发展进步的基础，因此自始至终，生态环境改善都是三北工程的首要目标，而经济发展、政治和谐、文化昌盛与社会进步且可持续发展是工程的最终目标和长远目标。

三北工程在突出重点区域防护林建设、改善区域生态的同时，也注重周边增绿，打造良好的人居环境。近年来，三北工程区坚持把工程建设同改善人居环境相结合，有力促进了村容村貌、人居环境的改善与美化，促进了和谐社会的建设。三北工程通过农村绿化美化，打造了一大批绿化精品乡村，极大改善了农村的环境面貌。三北工程通过城镇绿化，构筑了城镇及其外围的生态屏障。据全国森林资源第九次清查资料，三北工程区人均森林面积已达0.26公顷。

### 二、壮大农村产业的有力抓手

三北工程有效带动了地方国土空间格局优化、产业结构调整，促进了地方农林牧各业的健康协调发展。一些生态恶劣、经济贫困的地区逐步走上了林草增加、耕地减少、粮食增产、农业增效的良性发展道路，农民就业增收门路进一步拓宽扩大，为地方经济增添了活力。随着工程的实施，部分落后的传统种植业逐渐被淘汰，取而代之的是符合当地实际的特色种植业、养殖业、林产品加工业、乡村旅游业等产业，尤其是依托工程培育的一批特色经济林和发展的地理标识产品，不但增加了林农的经济收入，也为当地经济持续发展打下了坚实基础。

作为世界苹果生产优势地区，陕西省延安市按照发展一项产业、富裕一方百姓的思路，在三北工程建设中发挥山地苹果生态、经济双重功能，延安市 13 个县（市、区）全部被评为陕西省优质苹果基地县，实现了苹果基地全县覆盖，既增加了植被覆盖度，又显著增加了农民收入。

### 三、促进乡风文明的有效手段

三北工程提高了三北人的生态素质。三北工程“绿色长城”（10 周年邓小平题）是世界生态工程建设之最，促进了中国林业地位的历史性转变，提高了人民的生态意识；不仅对遏制三北地区环境进一步恶化起到了重要作用，更为全国生态环境保护做出了示范。尤其在生态环境极其脆弱的蒙新区，人民生态意识的提高，可能较三北工程本身对脆弱生态环境的保护更具深远意义。

三北工程建设，带来了各级党政发展林业观念的转变，林业发展受到高度重视，林业的地位有了明显的提高，形成了全民参与林业建设的良好局面，有力促进了全民生态文明意识的提升。

三北工程区人民力量凝聚的“三北”精神，为实现美丽中国汇聚了精神财富。三北人民长期饱受生态恶化之苦，充满着对改善生存环境的强烈期望，他们把这种期望化为建设绿色家园的强大动力，积极投身三北工程，在条件十分困难的情况下，用 40 多年坚持不懈的顽强拼搏和无私奉献的精神，谱写了一曲曲改善生态、感天动地的绿色壮歌。三北工程涌现了一大批以王有德、石光银、牛玉琴、石述柱、殷玉珍等为代表的英雄模范，培育了一大批陕西延安、内蒙古通辽、山西右玉、黑龙江齐齐哈尔、新疆阿克苏柯柯牙等先进典型，形成了“艰苦奋斗、顽强拼搏，团结协作、锲而不舍，求真务实、开拓创新，以人为本、造福人类”的“三北”精神，这种精神成为我国推进生态文明建设的强大精神动力。

重点工程区社会问卷调查显示社会公众对三北工程有着高度认知和关注。99.6%受访者了解三北工程，80.9%受访者对三北工程持满意态度，19.1%受访者基本满意；认为三北工程持续发展对生态环境建设有十分必要作用的受访者占99.3%，认为目前三北防护林能够局部满足生态安全需要的受访者占81.6%。由此可见，广大人民群众通过三北工程建设实践，直接感受到工程建设成效，人们的生态意识、绿化意识和环境意识在不断提高。

### 四、提高治理水平的重要途径

实施三北工程是实施乡村振兴的重大战略举措，三北工程同时又是一项宏大的系统工程，涉及面广，政策性强，任何地方、任何部门、任何单位都不敢等闲视之。实施三北工程以来，各级政府通过政策引导，加强宣传教育，把重要性和具体政策讲授给群众，使群众真正认识到三北工程既是改善生态环境的需要，又是调整农村种植业结构、增加经济收入的必然选择，使实施三北工程成为农村广大干群的自觉行动。这个政策实施过程大大提升了地方政府的治理效能。

长期以来，农民守旧怕变的思想根深蒂固，加之一些政策在实际执行中的偏差，使不少农民对各项政策产生了严重的抵触情绪，造成干群关系紧张的局面；而相当一部分群众又习惯于从众观望，存在着等靠要的依赖思想，使三北工程较一般工作更增加了难度。为推进三北工程稳步实施，各级政府对群众开展了深入细致的宣传教育工作。这样一来，各级干部不但成为三北工程的执行者，而且成为三北工程的宣传者。三北工程政策畅不畅通，工作抓得好不好，是衡量广大执政主体素质的重要尺度之一。这又迫使各级党委政府加强对政策主体——各级干部尤其是领导干部的思想教育工作，努力提高他们的政治素质和政策业务水平，使其端正工作作风，改进工作方法，提高工作效率，增强组织感召力和战斗力，客观上提高了三北地区政府的治理水平。

三北工程建设改进了农村基层工作。国家实施三北工程是一定历史时期政策时效性和创造性的综合表现。政策的时效性决定了执行政策的创造性，政策的创造性又反映出政策的灵活性，这就为新时期基层工作执行各项政策提供了可行的依据，提出了更高要求。为此，各级党委政府适应新时期的思想政治工作，不仅要求各级干部尤其是领导干部要坚持政策的原则性，更重要的是要把政策的基本精神同本地区本单位的实际情况结合起来，做到“审时度势”，创造性地开展工作。在这样的背景下，广大农村基层组织和干部在三北工程建设中，既充分发挥了政策的调控作用，又注意结合当地实际，创造性地执行政策，充分维护农民的利益，调动群众的积极性，同时改进和提高了治理水平。

### 五、实现生活宽裕的必要途径

我国推进乡村振兴、生活富裕是基础，产业兴旺是重点。40 多年来，三北工程建设坚持以生态林业为基础，将兴林与富民紧密结合，推进了生态林业与民生林业的协调发展，促进了区域农村产业结构调整，通过将三北工程建设与当地特色产业相结合，使当地特色产业成为农村经济新的增长点，有效提升了林业特色产业价值和效益，提高了群众收入，有效促进了贫困人口的脱贫致富。据不完全统计，工程建设期间共吸纳农村剩余劳动力 31262.51 万人，其中植树造林吸纳农村劳动力 1004.76 万人。三北工程区有 193 个国家级贫困县，占全国国家级贫困县的 32.99%，2020 年这些贫困县已全部实现脱贫，三北工程功不可没。目前，约 1500 万人依靠特色林果业实现了稳定脱贫，其中，“十二五”期间，三北工程区中 433 万人依靠发展特色林果业实现了稳定脱贫，三北工程对工程区群众脱贫致富贡献率约为 27.2%。

新疆维吾尔自治区民丰县以特色林果业为依托，贫困户人均 0.24 公顷林果，年人均创收 3217.56 元，仅此一项即达到国家级贫困县脱贫标准，工程实施为民丰县脱贫的贡献率达到 32.2%。察布查尔锡伯自治县贫困户每人承包 3.33 公顷扶贫林，年收入达 12000 元。

## 第五节　生态文化推动绿色发展

文化是社会变革的先导。人类社会发展史一再表明，先进的思想文化一旦被群众掌握，就会转化为强大的物质力量；反之，落后的错误的思想观念如果不破除，就会成为社会进步的阻碍。生态文化具有强大的教化功能，它能改变人的意识，引导他们正确看待人与自然、社会环境之间的关系，重构生产生活方式，走绿色发展的道路。具体到三北工程建设及其生态文化，其作用和功能主要体现在以下几个方面。

### 一、引领生产方式重构

#### （一）调整农村种植业结构

种植业是我国许多农村地区的主导产业和基础产业。实施三北工程，工程区种植业内部结构得到调整。从种植面积变化看，粮食和经济作物的种植面积占总播种面积的比例略有下降，而其他作物种植面积所占的比例大幅上升。从产值份额分析，粮食作物份额有所下降，但依然占据主体地位，经济作物和其他作物份额均有所提高。工程实施前，农民以种植农作物为主，包括水稻、玉米、薯类和豆类等，并且以自给自足为主，以市场交易或深加工为辅。工程实施后，适应市场需求，农民逐步引进优质的蔬菜和果类品种，扩大优质小杂粮的种植比例，大力种植饲料和饲草，种植业结构由以种植粮食作物为主向种植粮食、饲料、饲草和经济作物并重转变。

随着三北工程的实施，甘肃省优化了农村种植业结构，使农民由单纯依靠劳作维持生活转向开发林业经济和特色产业的多元化发展道路。2018 年，全省种植业内部粮、经、饲结构比例由 1999 年前的 73：12：15，调整为现在的 60：15：25，很多农户已经从种植结构调整中直接受益。

### （二）优化农村产业结构

三北工程在改变三北地区农村土地用途的同时，必然带来生产要素的流动，生产要素的流动又带来产业结构的变化，因此，三北工程和农村产业结构具有互动的关系。按照宜林则林、宜农则农的原则，国家通过三北工程大力培育林草资源，按照实事求是、循序渐进的原则，逐步提升林草业的比重，合理配置土地资源。

三北工程实施，尤其是在采取天然林资源保护和退耕还林还草措施以前，三北地区许多山区、沙区农民广种薄收，农业产业结构单一。三北工程等重大林业生态工程将水土流失、风沙危害严重的劣质耕地停止耕种，恢复林草植被，优化了土地利用结构，促进了农业结构调整，使农民从繁重低效的劳作中解放出来，使农村生产方式由小农经济向市场经济转变，使生产结构由以粮为主向多种经营转变，使粮食生产由广种薄收向精耕细作转变，使畜牧业生产由散养向舍饲圈养转变，使传统农业逐步向现代农业转型，这不仅促进了农业生产要素转移集中和木本粮油、干鲜果品、畜牧业的发展，保障和提高了农业综合生产能力，而且使许多地区跳出了“越穷越垦、越垦越穷”的恶性循环，大力培育绿色产业，农村面貌焕然一新。部分农民通过发展特色种植业、养殖业、林副产品加工业、乡村旅游业等，既有效利用了农村资源，增加了收入，还创造了大量的就业机会，部分农户从实施三北工程后完全脱离农业生产，转移到城镇从事第二、第三产业，成为产业工人或新型服务业人员，不但改变了生活和就业环境，也推动了当地的工业化和城镇化发展。

### （三）改变广种薄收的生产习惯

三北工程建设改变了三北地区农民传统的广种薄收的耕种习惯。三北工程通过退耕还林还草等措施，有计划将原本不适宜种植粮食的耕地转化为林地，使地得其用，宜林则林，宜农则农，扩大森林面积，从根本上保持水土、改善生态环境，提高现有土地的生产力，对提高粮食单产，实现增产增收具有积极的促进作用。结合三北工程建设，各地集中一部分财力、物力加强农田基本水利建设，使耕地逐渐实现集约化经营，由以往的粗放型生产向质量效益型经营转变，极大提升了粮食生产能力。

内蒙古通过三北工程的实施，推进了农牧民生产经营方式的转变，大力实施了精种、精养、高产、高效战略，使全区粮食产量稳步提高。1999 年全区粮食总产量为 1428.5 万吨，实施封山育林、退耕还林还草等措施后，在耕地面积减少、连年持续干旱的情况下，粮食产量每年都稳定在 1750 万吨左右。

## 二、引领生活方式重构

### （一）改变部分农民的日常生活和消费习惯

陕西省吴起县南沟村党支部书记闫志雄回忆说，实施三北工程，尤其是采取退耕还林措施后，山上的农活少了，村民们开始学习泥瓦匠、木工活、装修等手艺进城务工，家庭收入提高的同时，也开阔了眼界。到 2015 年村里百分之七八十的人都在外面打工。经过持续多年的综合治理，该村流域内林草覆盖率达到 92%，满目绿色是南沟村的底色，也是南沟村最大的资源。认识到这一优势，2018 年 3 月，南沟村以农村集体产权制度改革为契机，注册了文化旅游发展公司，将村子开发成生态度假村，开始发展乡村旅游。同年 12 月 28 日，吴起县南沟生态度假村旅游景区被评为国家 3A 级景区，现在南沟村已经建成了窑洞民宿、水上乐园、休闲廊亭等休闲项目。

随着村里旅游业的兴起，外出务工的村民纷纷返回，在景区从事售票、保洁、保安等工作。他们就地上班的同时，还可以将自家种的玉米、山上采的杏子等农产品拿到景区来卖，每年的经济收入显著提高；在冬天景区进入淡季时，一些农民还利用景区旺季时的收入去外地旅游，彻底改变了他们祖祖辈辈的生存模式。

### （二）增强工程区全民生态意识

三北工程时间跨度长，政策性强，涉及面广，关系到千家万户农民的切身利益。为了做到国家政策家喻户晓、妇孺皆知，各级地方党委、政府都把宣传发动作为实施三北工程的第一道工序来抓，组织了一系列宣传活动，以生动、形象的事实宣传三北工程的重大意义和政策措施，为开展三北工程创造了良好的舆论氛围。通过广泛宣传，工程区广大干部群众进一步认清了国家治理生态环境的决心，逐步认识到生态环境修复的重要性，生态建设的积极性普遍高涨。三北工程从意识形态上统一了思想，从体制机制上保障了良好生态全民共建共享，为我国生态文明建设奠定了良好基础。

从实际效果看，工程区全民生态意识明显增强，在三北地区三北工程政策措施做到了家喻户晓。40 多年的工程建设，已经成为生态文化的“宣传员”和生态意识的“播种机”，生态优先、绿色发展的理念深入人心，爱绿护绿、保护生态的行为蔚然成风。尤其是工程实施 40 多年来取得的显著成效，让工程区老百姓深切感受到了生态环境的巨大变化和生产生活条件的明显改善，人们对产业兴旺、生态宜居、生活宽裕的文明发展道路有了更加深刻的认识，生态意识明显增强。有的基层干部说，三北工程从某种意义上讲，拔除的是广大农民传统保守的思想观念，种上的是绿色发展的生态理念，摒弃的是农村长期粗放落后的生产方式，走上的是集约高效的致富之路。

## 第六节 生态文化提升文化自信

习近平总书记在党的十九大报告中指出，“文化是一个国家、一个民族的灵魂”。生态文化是生态文明时代的主流文化，是中国特色社会主义文化的重要组成部分，而三北工程文化是生态文化的一大亮点。三北工程是一项与改革开放同步展开、接续实施的重大生态建设工程，是我国林业发展史上的一大壮举，是生态文明建设一个重要标志性工程，被习近平总书记称为全球生态治理的成功典范。经过 40 多年的实践，三北防护林工程建设创造了丰富多彩的精神文化、物质文化和制度文化等。

### 一、创造丰富多彩的生态精神文化

除了物质产品外，三北工程文化还体现出精神产品，如艰苦奋斗、生态伦理、生态道德、生态美学、文明发展等精神世界的追求，以及承载这些精神内容的技术和艺术，如新闻、诗歌、小说、影视作品等。

三北工程多年形成的精神文化成果，形式和题材相对多样化，包含了文学创作、影像制品、新闻报道及学术著作等。它们或来自三北工程的一线参与者，或来自文学领域的艺术作家、新闻记者或科研工作者。但他们无一不对三北工程取得的辉煌成就做出赞赏评价，这些作品在社会中的受欢迎程度也代表了广大人民群众对三北工程的拥护之情。这些作品在丰富人民群众文化生活的同时，也把三北工程建设引向纵深水平，为今后高质量发展奠定了初步的基础。

三北工程建设40多年间，三北地区广大人民群众充分继承和发扬以自强不息为核心的中华民族精神，把改善生存环境的强烈愿望化为建设绿色家园的不竭动力，不屈不挠，奋力前行。三北地区涌现出了一批绿色发展的地方典型和大批甘于奉献的群众典型，他们谱写了一曲又一曲壮丽辉煌、可歌可泣的感人诗篇，创造了“不忘初心、牢记使命，不畏艰难、艰苦奋斗，依靠群众、兴林富民，锲而不舍、久久为功，科学求实、改革创新，惠及子孙、造福人类”的“三北精神”，成为推动三北工程取得辉煌成就的强大精神动力。

2018年11月30日，在三北工程建设40周年总结表彰大会上，国家林业和草原局授予北京市林业工作总站等98个单位“三北防护林体系建设工程先进集体”称号，授予赵洪林等98名同志“三北防护林体系建设工程先进个人”称号，授予张启生等20名同志“绿色长城奖章”称号。

### 二、创造举世瞩目的生态物质文化

三北工程物质文化是指三北工程创造的以物质产品体现出的文化，包括三北工程所创造的生态产品、经济产品等。

首先，三北防护林实践创造了横跨我国西北、华北和东北地区的“绿色长城”，横跨我国西北、华北和东北地区，与古老长城共同守护着这片土地的历史和未来，见证着中华民族的奋斗与梦想。

据《光明日报》报道，40年来，三北工程建设累计完成造林保存面积3014.3万公顷，工程区森林覆盖率由1977年的5.05%提高到了2018年的

13.57%，活立木蓄积量由 7.2 亿立方米提高到 33.3 亿立方米。40 多年来，三北工程在我国北疆筑起了一道抵御风沙、保持水土、护农促牧的绿色长城，为生态文明建设树立了成功典范。

40 多年来，三北地区各级党委、政府及林草部门带领各族干部群众，发扬艰苦奋斗、顽强拼搏的精神，持之以恒，久久为功，用汗水在祖国北疆筑起了一道绿色长城，为生态文明建设树立了成功典范。40 多年来，三北工程累计营造防风固沙林 788.2 万公顷，治理沙化土地 33.62 万平方千米，保护和恢复严重沙化、盐碱化的草原、牧场 1000 多万公顷。工程区沙化土地面积由 20 世纪末的持续扩展转变为年均缩减 1183 平方千米，沙化土地面积连续 15 年净减少。重点治理的毛乌素、科尔沁、呼伦贝尔三大沙地全部实现了沙化土地的逆转，工程区年均沙尘暴天数从 6.8 天下降到 2.4 天。

“十三五”时期，三北工程建设步伐不断加快。工程区森林覆盖率由“十二五”期末的 13.02%提高到目前的 13.57%，林草资源总量稳步增长，质量有序提升，三北地区的生态状况持续改善。特别是 2018 年习近平总书记对三北工程建设作出重要指示以来，三北工程以每年营造林 1000 万亩左右的速度向前推进。5 年间，三北工程中央累计投资 138.78 亿元，较“十二五”期间提高了 45%，完成营造林任务 4860.5 万亩。

其次，三北防护林是产业发展、民生改善的绿色保障。三北工程实施后，三北工程对经济效益影响十分突出，尤其在增加群众收入、实现脱贫致富作出了突出贡献。三北工程提出了建设生态经济型防护林体系的思想，统筹生态治理与改善民生协调发展，在增绿的同时大力发展特色林副产品生产、销售、流通、加工业和森林旅游业等，建设了一批用材林、经济林、薪炭林、饲料林基地，在有效解决了木料、饲料、燃料、肥料短缺问题的同时，培育了林下经济、森林康养、游憩休闲等生态产业，走出了一条“不砍树也能致富”的新路子，促进了农村产业结构调整和农村经济的发展，成为增加农民收入、实现精准脱贫的重要来源。

位于新疆阿克苏市东北部的柯柯牙，维吾尔语意思为“青色悬崖”，但却和青色毫无关系，有的只是风大沙多、盐碱茫茫、黄土弥漫。这里是阿克苏的主要沙源，威胁着粮食安全和几十万居民的生产生活。经过几十年的持续治理，目前阿克苏全地区林果总面积达 450 万亩，年产值 130.8 亿元，农民林果纯收入 4530 元，林果业已成为农民增收致富的“摇钱树”“幸福果”。

40 多年来，三北工程在东北、华北、黄河河套等平原农区，大力营造农田防护林，初步建成了以农田防护林为框架，多林种、多树种并举，网带片、乔灌草结合，农林牧彼此镶嵌，互为补充、互为一体的区域性防护林体系。工程累计营造农田防护林 165.6 万公顷，有效庇护农田 3019.4 万公顷，基本根除了危害农业生产的“三刮四种”现象，减轻了干热风、霜冻等灾害性天气对农业生产的危害，农田防护林的防护效应使工程区年增产粮食 1057.5 万吨。

三北工程建设 40 多年来，累计完成苹果、红枣、梨、杏、核桃、葡萄、桃、板栗、花椒、樱桃、猕猴桃、枸杞、大果榛子、李子、仁用杏、红松（嫁接）等经济林建设 463 万公顷，产干鲜果品 4800 万吨，比 1978 年前增长了 30 倍，年产值达到 1200 亿元，约 1500 万人依靠特色林果业实现了稳定脱贫。三北工程建成了以山西、陕西、甘肃为主的优质苹果基地和黄河沿岸的红枣基地，还有新疆的香梨、宁夏的枸杞、河北的板栗等一大批特色突出、布局合理、具有较强竞争优势的产业带和产业集群。绿色带来了物阜民丰，重点地区林果收入已占农民纯收入的 50%以上。

### 三、创造比较完备的生态制度文化

三北工程实践，创造了比较完备的三北工程制度文化。三北工程制度文化是指三北工程相关的制度产品，如法律法规、标准规范以及生产生活习俗的变化。

社会行为是制度设计与制度安排的结果，三北工程文化建设需要科学的制度体系支撑。习近平总书记指出，要加快建立“以治理体系和治理能力现代化为保障的生态文明制度体系”。这就要求我们从治理手段入手，健全治理体系，提高治理能力，推进生态文明建设。党的十八届三中全会通过《中共中央关于全面深化改革若干重大问题的决定》，首次确立了生态文明制度体系，从源头、过程、后果的全过程，按照“源头严防、过程严管、后果严惩”的思路，阐述了生态文明制度体系的构成及其改革方向、重点任务。这也是三北工程文化建设制度体系构建的重要遵循。

“十三五”期间，国家林业和草原局积极推进三北工程制度体系建设，不断完善三北工程制度机制保障，全面梳理了 40 多年来三北工程各项政策制度，研究制定修订出台了一系列规章制度，基本建立起适应新时期三北工程高质量发展的制度体系。40 多年间，三北工程制度文化不断积累和健全，中国多部法律法规对三北工程都做出明文规定，有关部门制定出台一系列相关办法，形成了比较完备的三北工程法规和政策体系。

此外，三北工程还发展了行为文化。三北工程文化已经表现于当今社会人们的一些行为之中。三北工程建设早已成为科研工作者开展科学研究的重要选题，也已经走进基础教育与专业教育的教材和课堂中。在延安等三北地区，人们甚至将三北工程的故事纳入文艺表演的节目中，通过艺术表演形式，宣传其感人事迹和巨大成就。

40 多年来，三北防护林工程以独具特色的精神文化、物质文化、制度文化和行为文化，不断丰富和发展着生态文明时代的主流文化——生态文化，为中国特色社会主义文化发展、为坚定中华民族文化自信作出了积极贡献。

# 第四章

## 春风化雨　特色彰显

（三北工程生态文化的特征）

三北工程建设全面贯彻“以人民为中心”的发展理念，把保障三北地区民生、改善三北地区民生作为发展重点，实现了工程实施区人民群众的增产增收，取得了巨大的生态、经济和社会效益。三北地区的森林资源总量得到极大提升，东北从“三刮四种”成为祖国的大粮仓，成为木材生产基地。三北工程建设实践不断发展生态工程文化理念，成为践行新发展理念的突出典范，不仅对我国重大生态工程实施产生了显著推动作用，更在国际上彰显了先进的生态文化理念，是落实习近平总书记人类命运共同体理念的生动实践。

### 第一节　体现以人民为中心的思想

我国地域辽阔，是一个自然灾害频发的国家。三北地区是我国自然条件最恶劣、经济最不发达、人民群众生产、生活最贫困的地区。面对风沙肆虐、水土流失的生态灾难，中国人民从来没有屈服，更没有被压倒，而是以惊人的毅力和坚韧，一次次战胜自然灾害，进一步增强了改造自然的信念与决心，并在与风沙的殊死搏斗中孕育了伟大的三北精神、形成了伟大的三北文化、结出了伟大的三北硕果，依靠人民、造福人民，始终体现了我国以人民为中心的发展思想。

“以人民为中心的发展思想”是习近平总书记于2015年11月23日在中央政治局第二十八次集体学习时提出的，是马克思主义人民观在新时代的新发展、新体现。三北工程作为一项造福人民的世界性工程，在工程的整个建设、发展过程中，坚持以人民为中心。

### 一、围绕为中国人民谋幸福、为中华民族谋复兴的目标宗旨

人民和人民群众是社会物质和精神财富的创造者，是物质资料和生活资料的生产者，也是社会物质和精神生活的享用者、社会物质资料和生活资料的消费者。从历史唯物主义的基本原理出发，习近平总书记指出，为中国人民谋幸福，为中华民族谋复兴，是中国共产党人的初心和使命，是激励一代又一代中国共产党人前赴后继、英勇奋斗的根本动力。

三北工程自诞生起就肩负着为人民谋幸福的历史责任。三北防护林体系建设工程坚持“因地制宜、因害防治”，在万里风沙线上建立“乔、灌、草”相结合、“带、片、网”相结合的防护林体系，达到防风固沙、减少风沙危害、改善三北地区生态环境、提高工程区人民群众生产生活条件为目的的防沙治沙的效果。三北地区人民自力更生、艰苦奋斗，我国在乌兰察布和沙漠东缘、东北西部沙地及陕北榆林等地陆续营造了防风固沙林，减轻了风沙危害，改善了当地居民的生产生活环境，开创了治山、治沙、治水的新途径，创造和积累了一套成功的经验。

三北工程的发展体现着为民族谋复兴的目标宗旨。40 多年来，三北工程重点治理的毛乌素沙地、科尔沁沙地、呼伦贝尔沙地、河套平原等实现根本性转变，已进入恢复利用沙漠的新阶段。毛乌素沙地是中国四大沙地之一，有一半分布在榆林境内，经过一代代治沙人艰苦卓绝的努力，榆林的林木覆盖率由 0.9%提高到 34.8%，沙化土地治理率已达 93.2%。呼伦贝尔沙地通过治理修复，林草植被大幅增加，土地沙化趋势得到好转。与此同时，该沙地的林业产业建设步伐也加快，为当地的农业和农村经济发展提供了良好的生态屏障，促进了农业增收、农民增收和农村经济的发展。近年来，在三北工程的带动下，三北各地区的人民都依托三北工程，大力发展各类生态经济型防护林，实现了生态效益和经济效益的“双赢”局面。

### 二、体现人民群众是历史创造者的思想

人民是历史奇迹的创造者，群众是三北工程的主力军。没有广大人民群

众的衷心拥护和广泛参与，三北工程就是无源之水、无本之木。马克思从社会存在与社会意识的辩证关系出发，依据人类社会基本矛盾运动规律创立唯物史观。唯物史观旗帜鲜明地指出人民是历史的主体，是推动历史前进的决定性力量。历史不是由某一个英雄人物创造出来的，而是由广大人民群众共同创造出来的。历史唯物主义认为，人民是社会历史发展的鲜活实践主体，是社会历史发展的最高价值主体，人民群众是社会历史的创造者，是社会历史发展的真正推动者。

据统计，1978—2017 年工程区群众累计投工投劳折资 490. 55 亿元，占工程总投入的 52. 58%①。其中，1978—2007 年群众投工投劳折资 470. 7 亿元，占比同期总投入的 78. 11%。国家实行“两工”（义务工和积累工）制度，投工投劳在工程投入中占据了主导地位，人民群众在工程建设中发挥了决定性作用。无数的三北人绿了荒山，白了头发。三北人民全员动员、人人参与，终于在共同努力下，三北地区实现了“黄与绿”的断代史。

三北各地干部群众摸爬滚打在一起，一次次努力的成果，被风沙一次次毁掉，但铁了心的三北人民不灰心不丧气，想尽各种办法，他们的脸被晒成黑铁色，嘴角泛起血泡，手磨破出老茧，终于将一棵棵树木屹立在三北大地，树木像卫士一样守护着祖国的北疆。这其中也涌现出众多先进人物，如治沙英雄石光银几十年如一日，怀着锁住黄沙、拔除穷根的坚定信心和超常的毅力，带领村民三战狼窝沙，吃的是被风吹得又干又硬、拌着沙子的干粮，喝的是沙坑里澄出的凉水，住的是柳条和塑料编织的庵子，硬是在毛乌素沙地南缘建起了绿色屏障。永和县人民矢志不渝 40 多年，全县人民搬石上山、运土上山、扛苗上山、拉水上山，将一座座和尚山变成了绿林海。

### 三、坚持人民利益至上的理念

习近平总书记在党的十九大报告中指出：“带领人民创造美好生活，是我们党始终不渝的奋斗目标。必须始终把人民利益摆在至高无上的地位，让改

① 国家林业和草原局．三北防护林体系建设 40 年发展报告［M］．北京：中国林业出版社，2019：14.

革发展成果更多更公平惠及全体人民，朝着实现全体人民共同富裕不断迈进。”人民群众对切身利益的追求、对美好生活的向往，推动着社会历史的发展和进步。实现中华民族伟大复兴的中国梦，就是要实现国家富强、民族振兴、人民幸福，要实现好、维护好、发展好广大人民群众的切身利益，不断提高人民生活水平，满足人民群众对美好生活的向往。

三北工程建设之初就把改善人们的生存条件、促进农牧业稳产高产、维护粮食安全作为工程建设的主要方向，把营造农田防护林作为工程建设的首要任务，集中力量建设平原农区的防护林体系。到一期工程即将结束时，许多区域性的小气候发生了很大变化，三分之一左右的县农业生态环境开始向良性循环转化，1.2亿多亩农田防护林得到了林网保护，三北地区人民群众的饭碗有了可靠保障，同时，烧柴奇缺地区约有半数农户的燃料问题得到缓解，一些地区木料、饲料、肥料缺少的状况有所改善。三北工程因此受到了广大干部和群众的热烈拥护，极大激发了广大人民群众的积极性，三北地区呈现一派千家万户、千军万马建设防护林的生动局面。

二期工程首次提出了建设生态经济型防护林体系的指导思想，将生态建设与脱贫致富相统一。据统计，二期工程期间，共营造经济林3456万亩，经济林比重由过去的3%提高到20%以上，年产果品38亿公斤，产值60多亿元，涌现出了一大批年果品收入达几万元、十几万元甚至几十万元的致富大户。三北工程在实现防护林体系结构稳定、功能完善目标的同时，也为人民群众培育了增收致富的“常青树”。

三期工程按照先易后难、先急后缓、由远及近、突出重点的方针，在三北农牧业生产迫切需要自然较好的地区，有计划、有步骤地建成一批区域性防护林体系。通过第一阶段建设，三北防护林体系已初具规模，东北平原、华北平原、黄河河套、河西走廊、新疆绿洲等地区相继建成了跨省区集中连片的农田防护林体系，有效缓解了三北地区生态环境恶化的程度，提高了三北地区抵御自然灾害的能力，有效改善了人居环境和生产条件。

四期工程根据日益严峻的防沙治沙形势，提出了以防沙治沙为主攻方向，将70%以上的建设资金和80%以上的建设任务安排于防沙治沙。10年间，四期工程在重点风沙区营造防风固沙林158万公顷，工程区沙化土地面积首次出现净减少，重点治理的毛乌素、科尔沁两大沙地实现了根本性逆转，三北地区实现了由“沙进人退”向“人进沙退”的重大转变。

五期工程在东北平原农区、风沙区、黄土高原丘陵沟壑区和西北荒漠区规划建设了32个不同类型、不同防护目标的百万亩防护林基地，为国家重大发展战略提供有力的生态保障。同时，工程统筹推进城乡绿化一体化进程，深入实施“身边增绿”，改善人居环境，建设美丽家园，大力开展绿色通道、森林乡镇、绿色村庄建设，使人民群众共享生态建设成果。

牢记初心，使命必达。三北工程建设重点、主攻方向、建设布局，根据人民群众的需求不断做出调整，把造福人民的初心实践在绿水青山之间，把以人民至上的理念落实到行动中。三北工程持续建设的40多年，实现了三北大地山河巨变，绿荫遍地，演奏了由黄变绿的绿色交响曲，谱写了人与自然重修旧好的动人篇章，三北工程是在实现百年奋斗目标和千年小康梦想的历史交汇点上，作出的“人民至上”合格答卷。

## 第二节 践行生态文明思想

三北工程建设践行了习近平生态文明思想，是诠释绿水青山就是金山银山的典型，体现了人与自然和谐共生的思想，用科技创新作为解决环境问题的重要手段，不断加强生态文明宣传教育、增强人民的生态文明意识。

### 一、绿水青山就是金山银山

在现代社会，国家在保障经济建设的同时，还必须注重生态文明建设，只有实现经济发展和生态文明建设平衡、融合的状态时，人民美好生活的需要才会得到真正的满足。[①]

① 刘海娟，田启波．习近平生态文明思想的核心理念与内在逻辑［J］．山东大学学报（哲学社会科学版），2020（01）：1-9.

（一）保护环境的同时，大力发展农、林、畜牧业

三北工程在大地增绿中不忘群众增收，植绿树，拔穷根，绿一方田野，富四方百姓，使荒沙秃岭变成了金沙银山、财富之源。依托三北工程的种植业、养殖业、加工业、生态旅游业等蓬勃兴起，祖祖辈辈守望三北大地的人们，正在实现致富兴旺的梦想。绿色带来了物阜民丰，安居乐业。

三北防护林为我国生态建设作出了卓越的贡献，结束了“沙进人退”的历史，为我国农业、畜牧业发展构筑起了一道绿色屏障，为新阶段发展高产、优质、高效、生态、安全的现代农业奠定了重要的物质基础。① 三北防护林始终坚持生态经济型的发展路径，始终坚持将生态保护与经济发展相结合，这与习近平总书记所提到的“绿水青山就是金山银山”的生态理念不谋而合，有效地致力于实现人民的共同富裕。

（二）保护环境的同时，带动当地旅游业的发展

我国国土面积辽阔，物产富饶，自然资源丰富，生态旅游业的发展起步较晚，但发展速度迅速。现阶段，我国多数地区能够根据自身的地理优势，开发当地的生态资源，大力发展旅游业，生态旅游业的发展不仅为当地的经济发展提供了动力，还丰富了当地文化产业，提高了当地居民生活质量，更丰富了当地的产业结构。

## 二、人与自然和谐共生

“三北”防护林体系工程，其规模和速度超过美国“罗斯福大草原林业工程”、苏联“斯大林改造大自然计划”和北非五国的“绿色坝工程”，在国际上被誉为“中国的绿色长城”“生态工程世界之最”。

中国约有一半的国土属干旱半干旱区，主要分布在西北、华北、东北地区。经过几十年的不懈努力，我国干旱半干旱区森林资源稳步增长，生态资

① 梁宝君，李宏，潘凌安．试论三北防护林与社会主义新农村建设［J］．防护林科技，2007（03）：39-41.

源质量明显提升，土地沙化和水土流失等生态灾害得到有效遏制，区域生态状况和人民生产生活条件逐步改善。三北工程区的森林覆盖率实现了大幅度的增长，三北工程在我国北方万里风沙线上，建起了一道乔灌草、多树种、带片网相结合的防护林体系，成为抵御风沙南侵的绿色长城。

### （一）生态环境得到改善

通过三北防护林工程建设，三北地区乔灌草、多林种、多树种相结合的自然森林生态系统正在修复和形成，野生动物、植物的种群和数量稳中有升。如青海省德令哈市的生态环境面貌得到了改善，全市初步建起了一道生态型防护绿色屏障。

### （二）人居环境得到改善

三北工程建设推动了农村环境综合治理和“美丽乡村”建设，改善了农村人居生活环境。河北省青龙县通过植树造林，不仅大力发展了生态旅游业，同时也改善了人居环境。农村人居环境整治与发展乡村休闲旅游之间具有耦合性。乡村休闲旅游发展是以农业农村为基础，依托农村的自然环境、文化资源满足城市居民的观光需求、娱乐需求、教育需求，农村人居环境与乡村休闲旅游发展二者之间相互促进、相互联系，乡村休闲旅游发展与农村人居环境的整治具有资源共享性和时空耦合性。①

## 三、科技创新是第一生产力

依托国家科研计划，国家林业和草原局在沙化草地治理、土壤改良技术与植被恢复技术等方面开展了技术攻关，并在三北地区荒漠化地区开展了沙化草地治理与植被恢复技术推广示范活动，针对荒漠化地区不同沙化类型推广不同的综合治理技术，开展农牧民以及技术人员专业培训。“十三五”期间，国家林业和草原局组织申报国家重点研发计划，获批了“京津冀风沙源

① 刘泉，陈宇．我国农村人居环境建设的标准体系研究［J］．城市发展研究，2018，25（11）：30-36.

区沙化土地治理关键技术研究与示范”等项目。

### （一）推进物种适应性

2013年，国家林业和草原局启动了三北防护林体系建设工程五期工程综合示范区建设，累计下达中央投资3000万元，实施项目49个，建设科技示范林近4万亩，培训基层管理、技术人员5000余人次，充分发挥科技创新对工程建设引领带动作用。国家林业和草原局将继续加强科研与培训，加大科技创新力度，突破“技术瓶颈”，不断推出能够促进工程建设的新技术、新产品、新工艺，构筑完善的林业生态工程建设科技支撑体系，把科技进步贯穿于工程建设的全过程。

### （二）促进科技创新化

科技创新是三北防护林体系建设工程的重要内容，国家林业和草原局坚持科学研究与生产相结合，以科研教学单位为依托，开展生产、科研、推广配套活动，加大实用技术、实用模式和新成果的研究、开发、推广力度，推广先进实用技术，使之尽快转化为生产力，提高了工程建设质量和建设效益。不断强化林业科技支撑，积极加大科技投入，不断提高工程建设的科技贡献率。

## 四、宣传生态文明思想，树立生态文明理念

在三北工程建设中，我国注重宣传生态文明思想、树立生态文明理念。对三北精神的宣传，对三北工程建设中优秀集体和个人事迹的宣传，有利于人们加深对三北工程重要性的认识，有利于生态文明思想的传播。全社会确立起追求人与自然和谐共生的生态价值观，通过一系列优秀的生态文化作品，让生态文化在全社会扎根，让生态文明理念和生态价值观念内化于心、外化于行，形成弘扬生态道德、践行生态行为的良好氛围。

### （一）多种方式进行宣传

宣传发动是实施三北工程的关键手段，也是推动工程建设的成功经验。

三北地区一直坚持创新宣传策略、把握宣传重点、提高宣传实效，并且充分利用广播、电视、报纸、网络、论坛等多种宣传平台，广泛开展形式多样的宣传活动，大张旗鼓地宣传三北工程在构建祖国北方生态安全屏障、建设生态文明和美丽中国、全面建成小康社会中的重要地位与作用，提高全社会对工程建设重大战略意义的认识。

### （二）结合当地教育培训

河北省永清县每年都要集中开展集体义务植树活动，目的是让人们重视植树造林的意义。甘肃省石羊河林场初步形成了职工积极参与、专业施工造林的工程建设格局。林场职工在生态环境恶化、立地条件差、造林难度大的困难面前，艰苦创业，知难而上，顶酷暑，冒严寒，战斗在风沙线上，始终坚定不移地发扬三北防护林工程中的艰苦奋斗的精神。三北防护林工程将永远载入史册，成为造福于子孙后代的历史性工程，它所取得的成就和作用将永远被子孙后代铭记。

## 第三节　凸显山水林田湖草沙系统治理理念

三北工程是一项统筹治理山水林田湖草沙的系统性工程，在遵循大自然整体性原则的基础上，克服传统“条块分割”治理弊端，创新治理方式，凸显山水林田湖草沙系统治理理念。

### 一、整体保护

山水林田湖草沙是一个具有其内在机理和客观规律的生命共同体，这个生命共同体超越时间和空间的概念永远存在。三北地区的山水林田湖草沙保护是一项整体性、系统性、复杂性、长期性的重大工程，必须科学布局和组织实施。这就要求生态保护必须打破地域和空间的局限，注重自然地理单元的连续性、完整性和联通性。三北工程是覆盖华北、东北、西北三大地区的系统工程，从诞生之日就体现了国家系统治理、整合三方力量共同打赢生态文明建设战的宏伟决心。我国过去的实践经验表明，分区治之、割裂保护的方式是行不通的，生态是一个系统，在实践中必须整体保护。

在山水林田湖草沙系统治理理念的指导下，三北工程建设始终坚持辩证思维，系统分析问题，全面解决问题，真正摸清山、水、林、田、湖、草、沙等的状态、未来趋势以及彼此之间的联系。三北实施后生态效益显著，防沙治沙实现历史性突破。沙退林进的生态治理在实现水土保持治理目标的同时，还涵养了湖水，使之成为田地灌溉与沙漠地区生活用水的主要来源。工程建设以治沙、治山、治水、护田为总任务，重点实施生态环境治理与修复，整体推进风沙防治与水土保持，推进土地整治与污染修复，开展生物多样性保护，推动流域水环境保护治理、全方位系统综合治理修复，充分集成整合资源。三北工程对山上山下、地上地下以及流域上下游进行整体保护、系统修复、综合治理。

## 二、系统修复

山水林田湖草沙是一个有机生命体，其中任何一个因素的变化都会引起其他因素的变化，形成“牵一发而动全身”的连锁反应。并且，长期的实践经验表明，这七个要素彼此之间是存在协同正向影响的，即变好或变坏的同进退的正向线性相关关系。这就启示我们生态建设必须坚持系统修复的综合治理观。

山水林田湖草沙协调发展并不意味着各因素的同步发展，我们仍然要摸清生态环境突出问题。生态修复和治理工程要坚持问题导向，以山水林田湖草沙系统治理理念为基础，认真厘清各因素的关系，明确凸出问题，把握事物的主要矛盾。三北生态工程的综合治理要从最关键的因素“沙”谈起。塔克拉玛干沙漠、库布齐沙漠、毛乌素沙地、塞罕坝沙地、腾格里沙漠等八大沙漠、四大沙地从西往东横向贯穿整个三北地区，“治沙”在三北工程中显得至关重要。在三北要治沙必须植树、种草、造林，治沙与种树、种草是走在一起的。位于黄河“几”字口的磴口，为了阻止泥土流进黄河，一鼓作气，60年坚持不懈地种树，将乌兰布和沙漠逼退黄河10千米。如果没有磴口林场的从中阻隔，乌兰布和沙漠将与库布齐沙漠、毛乌素沙地汇合，连成一片，成为新的中国最大的沙漠，到那时控制难度将更大。树种下了，草长起来了，沙退了，那些干涸的湖也重新“活”起来了，水就来了。民勤是四大沙尘暴策源地之一，被民勤人视作“母亲湖”的青土湖在半个世纪之前就干涸了。随着民勤规模化、工程化的治沙造林，民勤全县人工造林保存面积达到229.86万亩以上，森林覆盖率大大提高，青土湖也重新“活”了起来。湖水重新荡漾，野鸭、天鹅重新回归，一切又是一片生机盎然的景象。在常年经受风沙摧残、干旱严重的三北地区，水资源弥足珍贵，三北工程通过植树造林，实现了水土保持与涵养，湖水重新注满了水，具有改善生态环境、解决居民用水需求的重大意义，同时更是为沙漠带去了通向未来的希望，象征着生命的活力，起到在精神上鼓舞人心的作用。

### 三、综合治理

三北工程将治山、治沙、种树、涵养水源结合起来，环环相扣、综合治理，实现了各个环节的有序衔接和相互作用，达到部分治理与整体治理相统筹的综合效应。

治沙是三北工程首要的生态任务，种树是治沙最重要的手段。人们选择种的树和各类抗风沙植物不但能够发挥防风固沙的生态作用，还能够实现富民增收的经济效益。在山水林田湖草沙系统治理理念的引导下，三北地区在种树治沙的同时发挥了地区优势，发展了经济林果、木材供给、林下经济等产业，改变三北地区传统的经济发展方式，由原来的农业转为林果业，探索出了一条以林富民的新道路。内蒙古、宁夏、甘肃等光热条件比较好的地区，有很好的发展特色经济林的基础。一片片经济林的落地，不但改善了这些地区气候条件与环境状况，还创造了巨大的经济效益，促进农民增收，吸引了大量劳动力，创造了更多的就业机会。在建设经济林的同时，三北地区还大力发展经济林果业，大力延长产业链，发展特色林副产品，形成了全国的苹果基地、红枣基地等特色产业。著名饮品沙棘汁就是亿利集团在塞罕坝治理中探索出的生态产品，在满足生态效益的基础上，最大化了经济效益。

三北工程找到了人与沙和谐共生的交汇点，让沙为人所用，描绘出一幅人沙和谐的美好画卷。在三北，人们把沙漠当宝贝，向沙漠要效益，在沙漠资源的利用上做了一篇大文章、好文章。人们利用沙漠的自然景观发展旅游业。响沙湾、七星湖、恩格贝、银肯塔拉……一个个在沙漠中崛起的亮丽风景线，正依托沙漠的独特景观成为吸引游客的旅游胜地。据统计，“三北工程区共建设国家湿地公园 324 个，共建设国家沙漠（石漠）公园 90 个。目前，三北地区森林旅游接待游客 3.8 亿人次，旅游直接收入达 480 亿元”①。

## 四、统筹开发

山水林田湖草沙系统治理理念要求在生态资源开发过程中坚持统筹兼顾，改变过去单一要素的开发，转变为多个要素共同开发利用。开发与利用是生态资源保护、修复、治理的重要过程。在这一过程中我们应继续坚持生命共同体理念，立足整个地球生态实际情况和资源状况，多维度、多层次地进行山水林田湖草沙利用。“山水林田湖草沙”系统治理理念要求三北必须明确生态系统的类型、动植物组成以及山水林田湖草等自然资源的数目、分布状况，我国在充分掌握基本情况的基础上合理配置资源，科学设定资源的利用强度，因地制宜管护资源，实现生态服务功能最大化，促进自然资源的永续利用与人地和谐。

根据形成原因的不同，沙漠可以分为天然和人造两种类型。三北地区不是一开始就沙漠遍地，环境状态差的。相反，以前的三北地区除地质时期形成的沙漠、戈壁外，大部分地方曾是桑麻翳野、水草肥美的富庶之地。然而由于千百年的人为破坏和人们对自然资源不合理的开发利用，原来那种“风吹草低见牛羊”的美景不见了，取而代之的是绿意不再的荒凉之地。文明人所到之处，走过便留下了一片沙漠。有些沙漠曾是人类家园，现在则是文明废墟。过去的沙漠都曾是水草丰美之地，是人类不恰当的开采与利用才造成今天黄沙漫天的现象。但是，这并不意味着人类从此就不可以开发这些地区的资源。人类可以开发，不过必须改变过去那种毫无逻辑、粗犷的开发模式，而是以系统和整体的战略目光去开发自然资源。三北地区多沙漠、戈壁。这就决定了我国必须限制林木资源的开放，不允许滥砍滥伐、过度放牧，严守

① 三北防护林 40 年综合评价报告［M］. 北京：中国林业出版社，2020：105.

生态保护红线和基本农田控制线，实施退耕还林、退耕还草、轮作休耕等制度，真正实现“一张蓝图干到底”。

## 第四节 彰显人类命运共同体理念

中国是饱受生态灾难之苦的国家。中国政府积极倡导绿色文明，呼吁全世界携手保护地球生态环境，建立人类命运共同体。三北工程的实施，让中国成了世界生态建设的榜样。三北工程 40 多年坚持不懈、坚定不移地建设，向世界充分展现了中国政府对全人类负责任的大国风范。三北工程的建设成就，是世界生态建设史上的伟大创举；三北工程的建设实践，必将造福人类。因此，三北工程作为世界性的生态工程，对构建起整个人类的共同体意识具有重要作用。

人类只有一个地球，一个世界。2012 年党的十八大明确提出要倡导“人类命运共同体”意识。习近平就任总书记后首次会见外国人士就表示，国际社会日益成为一个你中有我、我中有你的“命运共同体”。面对世界经济的复杂形势和全球性问题，任何国家都不可能独善其身。总书记在多个场合的谈话中均提及“命运共同体”这一概念，并且随着全球化的程度越高，中国与世界关系越来越密切，中国在国际舞台上展现的中国力量也越来越强，我们对“命运共同体”这一概念提及的频数也越来越多。这从另一层面也反映出“人类命运共同体”的重要程度。

### 一、树立负责任大国形象

不同国家和国家集团之间为争夺国际权力发生了数不清的战争与冲突。国家之间的权力分配未必要像过去那样通过战争等极端手段来实现，世界也不单单是某一国家独自称霸的世界，某一国家在世界上的话语权越来越看重整体实力。三北工程的建设，充分展现出中国现今维护国家生态安全的实力。

首先，三北工程这一伟大的工程，是中华民族关怀地球、心系人类的造福工程，展示了中国政府对事关人类共同命运的国际事务高度负责的强烈责任感。三北工程建设规模之大、时间之长、条件之艰难、效果之显著，远远超过美国的“罗斯福大草原工程”、苏联的“斯大林改造大自然计划”和北非五国的“绿色坝工程”，被誉为世界生态工程之最，三北工程因此也受到了国内外的广泛关注，以工程建设为载体和纽带的林业国际交流与合作持续加强。

其次，三北工程同时也是对外合作交流的旗帜。三北工程建设的光辉历程和重大的建设成就，得到了国际社会的高度认可。国际社会赞誉三北工程是“改造大自然的伟大壮举”“世界生态环境建设的重要组成部分”。1987年以来，先后有三北防护林建设局、新疆和田等十几个建设单位被联合国环境规划署授予“全球500佳”称号；三北工程获得了“世界上最大的植树造林工程”吉尼斯证书；2000年汉诺威世博会上，三北工程被评为“20世纪全球最具影响的重大项目”，并专门为三北工程建设开辟了专栏；2018年，三北工程又被联合国经济与社会理事部授予“联合国森林战略规划最佳实践奖”。

最后，在三北工程的实施下，我国的国际影响力也得到显著提升。三北工程建设规模之大、时间之长、效果之好，引起了世界广泛关注，赢得了国际普遍赞誉。近年来，先后有70多个国家、地区和国际组织的官员、专家、学者和新闻记者深入工程区考察、访问和学习，并一致给予高度评价。实施三北工程充分展现了中国政府应对气候变化、促进温室气体减排的负责任大国形象，充分展示了我国政府实施可持续发展战略的能力和决心。三北工程由此成为展示我国生态环保建设成就、促进林业建设国际交流与合作的重要标志和桥梁。

三北工程致力于维护国土安全。面对三北地区沙化面积大、影响范围广、危害损失重等严重的沙化形势，三北工程明确防沙治沙用沙的目标任务，依据水资源承载力及地理分布，分类指导，分区施策，分区突破，通过调整农区牧区种植结构，采取植物固沙为主、工程措施固沙为辅，结合封禁保护等措施，固定沙丘，增加沙化土地林草覆盖面积，实现了防沙治沙重大突破。

三北工程致力于维护水资源安全。三北工程在水土流失区以小流域综合治理为突破口，按山系、分流域整体推进，把山水林田路统一规划，大力营造涵养水源、保持水土的防护林，建成了一批跨流域、跨山系的区域性防护林体系，增加林草植被覆盖面积，增强蓄水保土能力。经过40多年治理，三北工程累计营造水土保持林1194万公顷，治理水土流失面积44.7万平方千米，侵蚀强度大幅减轻。

三北工程致力于维护粮食安全。20世纪70年代，三北地区恶劣的生态环境使得土地生产力极低，每公顷农田粮食产量仅为2000公斤左右，连温饱问题都得不到解决。三北工程实施以来，在东北、华北、黄河河套等平原农区，我国坚持以保障粮食生产安全为目标，打造带状、块状或行状混交，相互衔接、纵横连亘的农田林网，三北工程改善农田小气候，降低风速，调节温度，增加大气湿度和土壤湿度，拦截地表径流，调节地下水位，减轻和防御各种农业自然灾害，保障农作物丰产、稳产，维护国家粮食安全。

三北工程致力于维护大气环境安全。三北工程建设40多年来，我国在三北地区建立起以森林为主体、带网片相结合的生态安全保障体系，三北工程减弱了沙尘危害，调节了区域气候，为维护大气环境安全作出了积极贡献。

## 二、提供中国特色方案

三北工程是世界生态史上的壮举，是全球生态治理的典范。当今世界，生态问题是全球发展面临的共同重大问题。全球气候变化、荒漠化治理、碳排放、生物多样性保护等一系列生态问题都需要全人类正视和解决。三北工程的科学决策、科学规划和先进技术，都是中国人做出的宝贵探索，特别是荒漠化治理系列模式和技术，中国处于世界的前沿。生态无国界，三北工程40多年的伟大实践，不仅为中国生态治理积累了宝贵经验，也为全人类进行全球生态治理，提供了优质的、可借鉴、可复制的中国经验、中国方案。

三北工程经过40多年的探索，硕果累累，创造的中国方案，被世界所借鉴。40多年来，三北地区一代又一代治沙人不忘初心、前赴后继，用辛勤和智慧，锁住了漫天黄沙，构筑了一道道绿色屏障，三北地区从沙进人退到人进沙退、再到人沙和谐，他们创造了多个防沙治沙的“中国方案”。在腾格里沙漠探索出的“五带一体”防风固沙体系，在毛乌素沙地探索出的灵武白芨滩林场“六位一体”防沙治沙发展沙区经济模式，在库布齐沙漠探索出的库布其模式以及低覆盖度防风固沙模式……这些治沙技术和模式创造了多个全国第一，实现了荒漠化土地和沙化土地面积双缩减、沙化土地连续20多年持续减少的目标，使得防沙治沙“中国方案”在国内外广为传播。如今，这些治沙“中国方案”获得国际广泛的认同。这不仅来自当代中国人对历史规律、未来走向的精准洞察，更是中华传统文化对“己所欲之，必有当施”的生动体现与绝好诠释。这些方案，插上了“一带一路”的翅膀，正沿着中国的甘肃、青海、新疆，飞向哈萨克斯坦、巴基斯坦、沙特阿拉伯、伊朗等中亚荒漠化较为严重的国家，为全球生态安全作出贡献，成为全球生态文明建设的重要参与者、贡献者、引领者，彰显负责任大国形象，推动构建人类命运共同体。

三北工程建设的丰硕成果，特别是在水土流失治理、扶贫攻坚方面的模式和技术已经传播到其他国家，为解决全球水土流失、土地荒漠化和减贫等问题贡献“中国经验”。截至此书截稿前，有100多个国家的元首、大使、专家学者参观考察了三北工程。我国举办了“生态文明贵阳论坛——干旱半干旱区生态系统治理”主题论坛，发布了全球干旱半干旱区生态治理贵阳宣言，并与世界自然保护联盟（IUCN）签署了《加强干旱半干旱区生态修复技术合作框架协议》，约定在干旱半干旱地区的生态修复技术和自然资源综合管理等方面开展丰富多彩的合作与交流活动。

三北工程建设取得的伟大成就，得到国际社会的充分肯定。中国人民用自己的智慧和力量，创造了人类生态建设史上的奇迹，三北工程成为世界生态工程建设的典范，有力地推动了我国生态文明建设进程。

### 三、推动世界可持续发展

人与自然是生命共同体，本应携手并进，共同发展，但在世界进入工业文明社会之后，由于资本主义国家逐利性的恶性竞争，世界范围内人与自然的矛盾越来越凸显，接踵而至的环境污染事件和极端事故给人类社会造成巨大灾难。自然界对人类进行的“报复”引起了人们的思考，促使人们调整生产方式，寻求人与自然之间的和谐共生，使人们在可持续发展理念之下进行生产生活。我们所强调的可持续发展并非当代人的所作所为为后代人留下的资源，而首先应是当代人与当代人之间的和平交往，持续发展，才能为后代子孙留下生存的资源。三北工程经过40多年跨世纪的建设，为一代代人改变了生存条件，改善了生活环境，成功印证了可持续的历史新内涵，其建设成果不仅是民族性的，更是世界性的。

三北工程的建设展现中国是推动世界可持续发展的伟大贡献者。三北地区历史上长期大规模、无序的人类活动打破了自然界的生态平衡和生态结构，干旱、风沙危害和水土流失等生态问题日益加剧，导致对生态环境造成的压力处于超负荷的临界状态。三北工程建设，扭转了人与自然关系的失衡状况。三北工程建设40多年来，取得巨大生态效益，在世界上建成了一条“绿色长城”。中国作为国土面积在世界排名第三的大国，这些治理成果，对世界的生态维护具有进步意义。我国的诸多贡献，都为世界范围内的绿色生态建设做出重大贡献。2018年习近平总书记对三北工程作出重要指示时一再强调：“……经过40年不懈努力，工程建设取得巨大生态、经济、社会效益，成为全球生态治理的成功典范。”

三北工程的建设体现中国是可持续发展世界的坚定推动者。工程的建设始终遵循可持续发展的基本要求，既做到了“绿水青山”，也实现了“金山银山”，绿水青山变成了实实在在的金山银山。与此同时，三北工程开创了大规模治理生态的先河，不仅为我国生态工程建设积累了十分宝贵的经验，还走出了一条具有中国特色的生态建设之路，赢得了国际社会的高度赞誉。先后有70多个国家的元首、政府官员、专家学者前来参观考察。他们对三北工程给予高度评价。当今，在尼日利亚、摩洛哥等国，中国人民正在向世界传授防沙治沙经验，坚定地推动世界范围内的可持续发展。

### 四、探索全球生态治理新模式

全球的绿地面积是一个公共性的问题，一个国家一个民族的力量是渺小的，需要全世界各国共同参与，规范治理。全球治理理论的核心观点是由于全球化导致国际行为主体多元化。全球性问题的解决成为一个由政府、政府间组织、非政府组织、跨国公司等共同参与和互动的过程。三北工程是全球共同治理的典范工程。三北工程建设初期，外国政府、国际组织、社会团体以及友好人士通过林业或以林业为主体的项目来进行援助，支持中国生态建设。

首先，友好国家对三北工程的援助发挥了重要作用。1989年，比利时政府援助联合国粮农组织执行的林业多边技术合作项目“中国三北地区造林、林业研究、规划与开发项目”在内蒙古开始实施，该项目是三北工程接受国际组织援助，开展沙地机械化造林和树木引种改良最大的科技开发项目。经过一、二期工程13年的实施，三北工程建立了中国最大的保护乡土小叶杨基因资源基因库，开展了种间和种内杂交育种活动，获得了一大批适合三北干旱和半干旱地区的杨树新品种；推出了沙地杨树深栽造林技术，研制出了配套的钻孔深栽和深松插干造林机械，完善了沙地植被恢复技术，项目科技成果的应用为三北地区的造林和植被恢复发挥了重大作用，项目的组织实施也为整个“三北”防护林体系建设工程提供示范性经验，对工程建设产生了深远的影响。

其次，三北工程得到联合国粮农组织、世界自然保护联盟等国际组织的广泛关注和支持，世界银行、联合国粮农组织将“三北”工程列为优先援助对象。2003年国际粮农组织援助的技术合作项目“中国三北地区防护林管理与天牛控制项目”在内蒙古临河区和宁夏青铜峡市实施。该项目建立了以多树种合理配置的持续控制杨树天牛种群灾害的防治技术路线和防治思路。该项目的实施，对三北工程杨树天牛防治工作发挥了重要指导作用，丰富了基层林业工作者关于天牛防治的理论知识，储备丰富的技术方法和理论依据，是三北工程深入开展杨树天牛控制工作的重要参考依据。

再次，一些国家的社会和民间组织，也积极配合我国林业发展的战略和目标，通过在中国共同实施一些以生态保护为目的的植树绿化合作项目，利用植树造林、改善生态环境的形式，进一步加强与我国的交流合作，有力促进我国林业生态建设。这其中影响最广泛的就是中日民间绿化合作基金（简称：小渊基金）。小渊基金是中日民间绿化交流的重要载体，架起中日两国人民友好的绿色桥梁，是中日两国民间合作的典范。

## 第五节　突出五大发展理念

三北防护林工程是改善生态环境、减少自然灾害、维护生存空间的战略需要。在这项重大工程实施的过程中我国一直秉持着五大发展理念。五大发展理念贯穿这项工程的方方面面，成为三北工程生态文化的一大特点。

### 一、创新提供新动力

三北防护林生态建设工程本身就是一个创新。这项远大的工程建设对我国来说具有关系全局和长远发展的战略意义，为全国乃至全世界都作出了表率和示范作用。三北防护林生态建设体现了中华民族的创新能力，我们站在为实现中华民族伟大复兴的战略高度上来看，三北防护林工程建设从根本上影响了国家和民族的前途命运。其秉持的创新理念是指引三北防护林工程发展的第一动力。

#### （一）坚持机制创新

甘肃省泾川县推行责任目标管理机制，成立三北工程和退化林分修复试点工作领导小组；推行“行政+技术”双包工作机制；推行典型示范机制；推行多元化投入机制；推行督查考核机制。三北防护林工程等地进一步完善责任制，加强地方行政一把手负责制、离任审计制、年度考核制等制度的完善和落实，完善护林员责任制。谁负责哪片林子就要落实到具体的人员，并签订护林员责任书，赋予相应的权利和义务。三北防护林工程完善监察队伍巡查制，定期巡查与随时检查相结合，确保森林安全，防火、防盗、防病虫害等落实到位。

#### （二）坚持技术创新

针对困难立地条件造林，我国加大科技支撑力度。建平县通过内引外联，与多家科研院所展开联合攻关，在树种引进筛选、生物多样性、低质低产林改造、半干旱地区造林技术研究等方面取得了一系列的科研成果。甘肃省庆阳市根据庆阳立地类型和各树种的生理特性，在树种选择和栽植方式上推动了造林模式和造林方式的创新。[①] 在三北地区建设生态文明，我国加强三北防护林建设是关键，保护、扩展其内容，开展科技攻关，不忘老办法，创新新办法，综合实施，使三北防护林成长壮大，锁住风沙，成为生态屏障，森林茂盛，草原繁荣，河水清澈，土地肥沃，空气清新，发挥三北防护林的绿色长城生态屏障作用，达到人与自然的和谐，造福子孙后代。

## 二、协调开拓新格局

三北防护林工程建设秉持协调发展理念，不再追求传统发展模式下简单片面的生态保护的发展，而是包括生态发展在内，又涉及经济、政治、文化等各个领域的发展。三北防护林生态工程建设致力于要解决好城乡、区域之间发展的失衡问题，同时也要兼顾物质文明和精神文明的协调发展。三北防护林生态工程建设实现了在整体上统筹各方、均衡资源，有利于实现社会的协调发展，并最大程度地促进人的全面发展。

### （一）既抓生态成效，又抓经济效益

三北工程建设注重把林业生态建设与经济发展有机结合起来，用生态建设的成果，促进经济的发展，带动群众脱贫致富，将工程建设形成的绿水青山真正变为百姓的金山银山，各地形成了生态和经济两手抓，两手都要硬，带动居民走向富裕之路的典型做法。如山西省隰县提出了“加大经济林发展力度，建设生态经济型林业”的战略方针，坚持生态效益与经济效益并举，以经济效益带动生态效益，实现由单一防护林体系建设向生态经济型防护林体系建设的转变。青海省德令哈市结合三北防护林等工程的实施，积极引导农牧民群众参加生态环境治理，在坚持生态优先的前提下，大力打造生态经济林，促进了农村产业结构的调整和农村经济的发展。

---

① 绿色丰碑——三北防护林体系建设 40 年治理典范［M］. 北京：中国科学出版社，2018.

### （二）既抓物质文明，又抓精神文明

三北防护林工程坚持物质文明与精神文明协同发展，擘画出既满足人民物质需要，又关照人民精神需求的美好蓝图。多年来，宁夏回族自治区盐池县历届县委、县政府在抓经济产业和农民增收的情况下，始终坚持生态立县战略不动摇的决心，在国家林业局（现国家林业和草原局）三北局、自治区林业厅的大力支持下，谱写了一曲曲改善生态、感天动地的绿色壮歌，涌现了一大批以白春兰、王锡刚、史俊、余聪等为代表的治沙劳模。40 多年来，鄂尔多斯广泛宣传人与自然和谐相处理念，编撰了《鄂尔多斯林业志》《鄂尔多斯植物资源》等生态系列丛书，推出了《绿色风景线》《绿色鄂尔多斯》等一大批优秀生态文化作品，对进行生态文明建设进行了全方位、多角度、深层次的宣传报道，营造了良好的舆论氛围，建设生态文明逐步成为全社会的共识。

## 三、绿色谱写新篇章

三北防护林生态工程建设的最初目的就是要改善三北地区的生态环境。中国共产党对自然的认识逐渐加深，从可持续发展到绿色发展，从关注代际关系的发展到深入理解人和自然是一种共生的关系。三北地区生态环境的改善直接关系到三北地区人民的生活质量。从生产力的角度出发，三北防护林生态工程贯彻落实习近平生态文明思想，在保护环境的同时也促进了三北地区经济的发展，所以说保护生态就是保护生产力，发展生态就是发展生产力。三北防护林生态工程的建设，为三北地区打开了一道绿色的屏障，在这片充满希望的大地上，三北地区的人民享受到了它的福泽和庇佑。

### （一）生态环境明显改善

三北大地受荒、沙、风之灾，三北人民受地瘠、粮匮、产乏之苦，根本原因是少林草、缺绿色。三北工程始终把大地增绿、建设绿水青山作为首要任务，聚焦造林种草、增加植被的主任务不放松。40 多年来，我国累计完成造林保存面积 3014 万公顷，工程区森林覆盖率由 1977 年的 5.05%提高到现

在的13.57%。在以黄土高原为主的重点水土流失区，我国将生物措施与工程措施相结合，按山系、流域规模推进，综合治理，累计营造水土保持林1194万公顷，治理水土流失面积44.7万平方千米，工程区水土流失面积相对减少了67%，年入黄河泥沙减少4亿吨左右。在东北、华北、黄河河套等平原农区，我国坚持多林种、多树种并举，网带片、乔灌草结合，营造农田防护林165.6万公顷，有效庇护农田3019.4万公顷，仅农田防护林的防护效应使工程区年增产粮食1060万吨。①

（二）人与自然和谐共生

三北防护林建设以前，三北地区有将近300个贫困县，受到风沙侵扰的大片土地面临荒漠化，草场沙漠化使很多水库在慢慢地枯竭，三北一带面临着灭顶之灾。经过40多年的不懈努力，三北地带防风林建设有效控制了风沙蔓延，出现了人退沙进为人进沙退的可喜现象，保住了农民赖以生存的土地，而且随着不断进行的绿化工程我国正在不断拓宽土地面积，目前三北地区的人民通过植树造林恢复了绿色的生态环境，很多农牧民都重返了家园。②

## 四、开放拓展新空间

在当今时代，开放发展针对的是全球局势所发生的深刻变革与我国对外开放总体水平较低之间的突出矛盾，致力于推动我国经济融入世界，解决经济发展的内外联动问题。中国的发展需要走向世界、离不开世界，世界的发展也需要中国的参与、离不开中国，中国与世界已经形成了相互依存的利益共同体和协同共进的命运共同体。三北工程走过了40多个春秋，经过几代人的艰苦努力，抵御风沙、保持水土、护农促牧的“绿色长城”在中国北疆筑起。众多海外专家认为，三北工程建设是中国生态文明建设的一个重要标志性工程，取得了巨大的生态、经济、社会效益，是全球生态治理的成功典范。

---

① 三北工程：“两山”理念的伟大实践［N］. 中国绿色时报，2020-08-16.

② 陶军礼. 对“三北”防护林体系工程的思考与展望［J］. 林业科技情报，2020，52(03)：95-96.

### （一）走出国门

三北工程在防沙治沙领域的技术、管理、经验形成了很强的优势，坚持“走出去”战略，加强了同相关国家和地区的防沙治沙经济、技术合作，在生物质能源、森林碳汇、生态效益补偿机制等方面都开展了国际交流与合作。① 如获得“中华名果”等 13 个大奖的甘肃省静宁县的静宁苹果，已经出口欧美、东南亚等地，打入欧美高端市场。

### （二）与世界分享经验

三北工程是迄今世界上最大的生态工程，获得“世界上最大的植树造林工程”吉尼斯证书，被联合国环境规划署授予“全球 500 佳”奖章，是对全球生态安全建设贡献中国智慧与经验的核心工程，此外，三北工程增加了碳储量，在应对气候变化中具有重要地位。三北工程有计划、有重点地组织工程管理人员到世界林业发达国家学习先进的经营管理理念、技术和经营模式，借助了国际组织平台，将三北工程防沙治沙经验、生态经济型防护林体系建设理念等推向世界，从而提升了合作水平。

## 五、共享实现新发展

三北防护林生态建设工程坚持共享发展的理念，强调发展的成果首先要让人民共享。这样既维护了社会的公平正义，又一定程度上缓解了贫富差距。在三北工程地区，人们享受了工程带来的许多福利，发展了当地的农业、林业、畜牧业、养殖业，大力开展旅游业，许多乡村都因此走上了脱贫致富的道路。人民富裕了国家才能富裕，三北工程的发展成果让人民共享，激励人民推动国家走向更加繁荣的征程。

### （一）人民获得良好生存环境

三北防护林体系建设工程的实施，使北京市通州区生态环境和人民群众

---

① 张炜．坚持五大理念推进三北工程“十三五”大发展［N］．中国绿色时报，2016-02-23（A02）．

的生产生活条件从根本上得到改善，为人们提供了高质量的生活环境，使人们在日常生活中可以欣赏优美的环境。随着宝鸡市建设生态园林大城市的逐步推进，三北防护林工程以改善生态环境、防止水土流失、扩大森林资源、生态增效、农民增收为目的大力助推了绿色宝鸡、绿色陈仓建设等一系列生态治理活动的造林绿化，对我区城市居住环境整治、周边大环境治理、生态文明建设起到了决定性作用。

### （二）企业实现更高收入

黑龙江泰来县依托县电子商务经营服务中心，注册了“林丫”“泰耳”“黑驴耳”等林产品商标，并通过微营销、预售营销和线下体验线上销售模式，推动林产品线上销售，拓宽了林产品销售渠道。泰来县确定了“绿色能源生态县，健康食品主产区，新兴畜牧养殖加工基地”三个产业发展定位，先后引进六水香、北大荒、龙湘食品、源龙源酒业、荣程健康食品产业园等多个大项目，三峡、华润等 11 个风光电项目落地投产，特别是总投资 40 亿元的飞鹤奶山羊养殖及乳制品加工项目，将建设全球最大的单体奶山羊养殖场。①

三北防护林工程建设不仅是实现绿色发展的需要，更是顺应群众期盼，进一步改善人居环境和增进民生福祉的需要；不仅是建设生态文明、构建和谐社会的内在要求，更是各省份协同发展、承担着建设优良生态环境的任务。应该秉持五大发展理念，建出一个天更蓝、地更绿、水更清、人与自然更和谐、人民生活更幸福的美好家园！

---

① 绿色丰碑——三北防护林体系建设 40 年治理典范［M］. 北京：中国科学出版社，2018.

# 第五章

# 革故鼎新　与时俱进

（三北工程生态文化的创新）

文化创新是三北防护林工程建设的必然要求，是推动工程实施的内在动力。自 1978 年工程启动以来，三北防护林工程在组织文化、制度文化、机制文化、科技文化和产业文化五个方面革故鼎新，在理论和实践的不断摸索中，总结形成了一系列符合实践需求和时代特征的工程文化。近年来，在党的十九大精神指引下，在新时代生态文明的呼唤下，三北防护林工程文化建设继续扩展新的内容，增加科技含量，在工程建设中实现了人与自然和谐共生、良性循环、全面发展和持续繁荣。

## 第一节　组织文化

在 1978 年改革开放之初，三北防护林工程建设开始起步，其间经历了四个阶段的经济体制改革，分别是计划经济、有计划的商品经济、商品经济、社会主义市场经济，其管理体制也伴随着国家经济体制改革进行了有效探索与逐步完善。40 多年来的探索与实践，为其他林业生态工程的组织实施积累了宝贵经验，提供了可参照模式，也形成了形式多样的组织文化。

### 一、不断加强组织领导

1979 年 1 月经国务院批准，国家林业总局（现国家林业和草原局）设立国家林业总局（现国家林业和草原局）西北、华北、东北防护林建设局（简称：三北防护林建设局）；1979 年 11 月，国务院成立三北防护林建设领导小组，并于三北防护林建设局下设办公室，履行三北工程的规划、计划、监督、检查等职能。三北地区各省（自治区、直辖市）、各地（市）和各县（市、区、旗、团）依托林业主管部门设立三北办（站、局）或指定造林处为工程管理机构。各级党委和政府认真组织部署，形成了从中央到地方上下一体的工程组织管理体系。

“三北”局设立的主要任务是协同各省区搞好规划设计，制定防护林建设长远和年度计划，并检查计划执行情况，组织开展科学实验，总结交流经验等。“三北”地区各省、区、市也成立了相应的领导小组，并在林业主管部门内部成立工程建设专管机构，或固定专管人员负责本省区工程建设的组织管理工作。工程建设范围内的地、县林业主管部门全权负责工程建设的组织管理与建设工作。各乡镇林业站负责工程的组织实施工作，造林成果验收合格后，按林业行业内部的职责分工进行资源的经营管理。这样就形成了从中央到地方、从决策到实施紧密结合的工程管理体系，从机构架设上保证了工程建设的顺利实施，有效推动和促进了工程建设。

## 二、持续保障资金投入

在资金保障上，我国推行生产成本全额预算管理，建立健全以公共财政投入为主导、社会投入为补充的工程投入机制。40 多年来三北工程总共投入了 933 亿元，其中中央财政和地方财政投入 443 亿，群众投工投劳折算的货币量占整个工程投入的 52%，充分体现了群众作为工程建设主体的基本战略布局。

## 三、严格执行监督考核

三北工程实施以来，各级党委、政府将工程建设作为促进当地经济社会协调发展的基础工程、致富工程和为群众办实事的德政工程来抓，建立健全工程建设专管机构和专管人员，形成了上下贯通、运转高效的组织管理体系，建立了核查、考核、通报、奖惩的制度，制定并实施了一系列有利于工程建设健康发展的政策措施。各级政府普遍推行领导干部任期造林绿化目标责任制，层层签订绿化责任状，加强对工程建设的组织、督导和检查，各级领导身体力行，率先垂范，带头办造林绿化示范点，有效推动了三北防护林建设。在国家投资不足的情况下，各级政府动员组织广大干部群众，积极投工投劳，各行各业积极参与工程建设，各有关部门大力支持、协调配合、形成合力，成为工程建设的重要保障。

### 四、重点强化科技支撑

三北工程建设以来，围绕不同时期的林业工作重点，国家大力组织开展了相关技术研发和推广示范，为增加林业工程科技含量、提高工程建设水平、推进林业科技进步发挥了积极作用。工程建设以来，三北地区取得了一大批林业科研成果，在防护林建设模式、栽培技术、病虫害综合防治技术等方面也都取得了突破性进展。此外，在三北工程建设中，国家还注意加强推广队伍建设，运用激励机制调动科技人员的积极性，开展了相应的评奖活动，举办了各种类型的培训班，加强了对技术人员的培训工作。在三北防护林体系建设中国家制定了多项技术标准，从造林整地、作业设计、育苗、管护等各个环节实行严格质量管理，切实强化了各地在工程建设中的质量意识，也有效保障了工程建设的质量与效益。

### 五、积极加大宣传力度

1978 年，党中央、国务院批准启动三北防护林体系建设工程，开创了我国生态工程建设的先河，揭开了我国大规模生态治理的序幕。40 多年来，在党中央、国务院的坚强领导下，伴随着我国改革开放的步伐，各族干部群众为建设三北工程坚持不懈、攻坚克难、前赴后继、开拓创新，走过了艰苦卓绝的创业历程，三北工程建设过程中涌现出了一大批艰苦创业、绿色发展的建设典型，砥砺奋进、甘于奉献的先进模范，在我国北方初步建成了一道抵御生态灾害、促进乡村振兴的绿色长城。

在此过程中，三北地区各市、区（县）、各部门不断加大对工程建设的社会公众宣传力度。三北地区充分利用广播、电视、报纸等传统媒体和网络、微信等新兴媒体，广泛开展形式多样的宣传活动，重点宣传“三北”防护林建设的重要意义、总体思路、目标任务、政策措施等。宣传工作的大力开展增强了公众的生态环境保护责任意识，让社会各界了解了中央、省、市各级政府支持防护林建设工程的政策内容和具体要求。

三北局大力宣传报道三北工程涌现出的英雄人物、典型经验、成功做法，以榜样激励带动社会各界积极投身祖国的绿化事业。各地区特别是三北地区各级林业和草原主管部门、各族干部群众以受表彰的集体和个人为榜样，高举中国特色社会主义伟大旗帜，以习近平新时代中国特色社会主义思想为指引，不忘初心、牢记使命，勇于担当、扎实工作，加快推进三北地区以及全国各地林业生态建设，全面提升新时代林业现代化建设水平，为建设生态文明和美丽中国作出了新的贡献。

## 第二节　制度文化

为使工程建设法制化、科学化、规范化，国家在工程建设的具体实践中先后制定了等多项管理办法，使三北工程建设从种苗准备到检查验收每一个环节、每一道工序都有章可循，形成了一套较为完整的管理体系和组织实施措施，推进了工程建设组织管理逐步走上了规范化、制度化轨道。

### 一、完善的资金投入制度

项目实施中，中央出台了《“三北”防护林体系建设资金管理办法》等计划、过程、质量、资金和技术等一系列工程管理办法和措施，为工程建设提供了有力的保障。地方各级政府也出台了相应资金投入和使用管理制度以保障工程的顺利实施，如河北省出台《省政府办公厅关于加大改革创新力度鼓励社会力量参与林业建设的意见》，通过放活经营权、财税扶持等激发了社会力量参与造林的积极性。甘肃省制定了《示范性家庭林场评选认定办法（试行）》，明确在政策、项目、资金、技术等方面给予扶持，各类生产要素加快向林业聚集；内蒙古通辽市出台《关于加强沙区、山区生态建设的决定》

《关于加强招商引资造林管理的意见》，鼓励和引导社会力量参与工程建设，近几年非公有制造林面积占到全市造林面积的60%以上。

## 二、完善的工程建设制度

在工程建设中，中央设置了《“三北”防护林体系建设技术管理办法》《“三北”防护林体系建设计划管理办法》等，建立市场配置、政府宏观调控和公共服务相匹配的制度。制度的出台有利于发挥各级政府在政策法规、组织管理、规划设计、建设布局、督导检查等公共管理和服务方面的主导作用，提升生态产品生产能力；充分发挥市场配置资源的决定作用，引导生产要素积极有序进入防护林建设；发挥农民群众在造林、经营、管护等工程建设各环节的主体作用，完善集体林权制度改革，充分尊重农民对承包林地的使用、收益、流转及承包经营权的抵押和担保等权利，维护农民参与工程建设的权益。在制度的有效保障下，我国形成了中央-地方-市场-农户协调统一的工程建设体系。

## 三、完善的防护林管理制度

我国建立和完善了规划落实、质量检查、绩效评估、情况通报、计划资金、考核奖励等管理制度。百万亩防护林基地建设项目、黄土高原综合治理林业示范建设等重点区域治理项目，逐步实行按项目管理，由省级林业主管部门组织编制年度实施方案，报国家林业总局（现国家林业和草原局）三北工程管理部门审批备案，项目审批后，均严格按照批准方案实施。我国建立了重点工程报告制度，各级林业主管部门定期向上级工程管理部门报送工程营造林进度、计划执行、任务完成、情况分析等信息，加强督导检查，及时通报工程建设情况，以完善的管理制度保障工程建设过程的高效可行以及工程质量的优化。

## 四、完善的工程建设质量控制体系

三北局推行全过程质量管理，将规划计划、实施方案、年度任务、作业设计、种苗供给、整地栽植、抚育管护等主要工序纳入工程建设管理范畴。三北局实行项目法人制、合同制，积极推行招投标制和监理制。因不可抗拒的干旱、洪水、冰雹等自然因素造成的造林面积损失，经省级工程管理部门组织进行认定后，报国家林业总局（现国家林业和草原局）三北工程管理部门审核报损，列入下一年度工程建设任务中。我国积极完善县级自查、省级复查、国家抽查的三级质量监督检查体系，严格落实造林质量责任追究制度，采取通报表彰、亮牌警示、调减任务等办法，强化质量管理。

## 第三节　机制文化

通过40多年的建设，三北工程建设机制不断完善、建设队伍日益壮大，形成了国家、省、市（县）、乡镇林业工作站自上而下、协调统一的建设体系，形成了生态补偿、政策保障、金融和管理协同发展的完善的机制文化，为三北工程在全国范围内大面积持续推进提供了系统的组织建设保障。

### 一、生态补偿机制

三北工程营造的生态公益林，均纳入国家和地方生态公益林补偿范围。非国有生态公益林在明确权属和补偿主体的前提下，探索建立了政府直接收购公益林的制度。20世纪80年代以来，辽宁、内蒙古、新疆等省（自治区）先后制定从水资源、风景区、矿产等部门的收益以及从国家工作人员的工资收入中提取生态建设补偿费的地方政策。这一政策推行在一定程度上缓解了三北工程建设资金不足的状况；2004年，建立森林生态补偿基金，用于公益林的营造、抚育、保护和管理，并逐步提高补偿标准，其中中央财政国家级公益林补偿基金平均标准由每年每亩5元提高至15元；2016年，国家出台《国家林业总局（现国家林业和草原局）三北防护林体系建设工程计划和资金管理办法》，为省级、市级、县级林业主管部门执行三北工程资金管理提供依据[1]。第五期三北防护林工程重点防护林建设，中央投资定额补助标准为人工造乔木林7500元每公顷、人工造灌木林3600元每公顷、封山育林1500元每公顷、飞播造林 2400 元每公顷。森林生态效益补偿标准：中央财政国有国家级公益林补偿标准 90 元每公顷、集体和个人所有国家级公益林补偿标准 225 元每公顷。在此基础上，每个地区根据当地情况对补助标准进行适当调整。

与此同时，三北局严格承担治理责任，在工程建设区内从事矿产资源开发和利用活动的经济主体，必须负责矿区植被的恢复与重建。此外，三北局还积极探索建立了跨区域生态补偿机制。

## 二、管理机制

合理有效的管理是工程顺利推行的重中之重，三北防护林在建设过程中形成了中央、地方、社会参与的多层次管理机制。

中央从三北防护林工程建设伊始就设立林业部三北防护林建设局，全权负责三北防护林建设的具体工作。2001 年，国家林业总局（现国家林业和草原局）建立了三北工程管理办公室，其与三北防护林建设局两块牌子、一套人马，进一步强化了工程管理职能。

在地方，各地区相继成立了相应的工程管理机构，三北地区各省（自治区、直辖市）及新疆生产建设兵团依托林业主管部门设立三北办（站、局）或指定造林处为工程管理机构，各地（市）和各县（市、区、旗、团）成立了工程建设专管机构或指定专人负责区域内的工程建设；各地建立国土绿化目标责任制，把国土绿化工作目标纳入地方政府年度考核评价体系，加强了地方在林业工作方面的重视程度。此外，各地逐步探索并推行了资金报账制、工程监理制、工程招投标制等多种适应社会主义市场经济体制的政策机制，为全面推进三北工程提供了有力的机制保障。例如，辽宁省三北防护林建设工程投资形式已由过去的直接投资开始向报账制转变，上级下达工程建设任务，基层组织实施完成，基层对完成情况自查验收，逐级上报，上级对上报材料审查和验收后兑现工程投资。投资报账制，在很大程度上可以对工程负责人、工程承包者等相关人员起到约束作用。一旦工程质量不合格，上级就不予报账，从而有力地强化了工程管理者、建设者的责任感[3]。

在社会参与方面，各地通过群众投工投劳实现对三北工程的建设，一期工程开始不久，各地结合农村联产承包责任制的落实，大力推行承包造林，实行“谁造谁有，允许继承和转让”和“国家、集体、个人一起上”的政策。这一政策的推行，促进了造林生产责权利结合，明晰了产权关系，调动了农民造林积极性；与此同时，各地推行“两工”（义务工和劳动积累工）造林和“四统一分”（统一规划、统一标准、统一造林、统一验收、分户经营）的统分结合的造林政策，这一举措使得群众投工投劳在三北防护林体系建设中发挥了主导作用；2008 年以来，各地推进集体林权制度改革，分山（沙）到户、确权到人，极大释放了人的潜能、林地的潜力、林业的多种功能，为广大农民群众积极投身工程建设搭建了平台，调动起了广大群众参与工程造林的积极性。

在管理机制约束的同时，三北防护林工程培养了一大批工程管理和科技人才，不断壮大林业专业化队伍，为工程管理和落实提供了保障。宁夏 98%的乡镇都建立了林业工作站，其中 30%的乡站达到了部颁标准，宁夏每年按区、地、县、乡分级分批对工程技术骨干进行培训，参加培训的人数每年近 1 万人次[4]。

### 三、金融机制

在国家补助的同时，我国发挥中央投资撬动作用和市场机制作用，加快政策性金融资本、社会资本向防护林建设流动聚集，按照“政府主导、市场主体、社会参与”的原则，转变营造林补助方式，实行补助普惠制和奖补政策，推行先造后补、以奖代补、贴息贷款、以地换绿、赎买租赁、购买服务等多种方式，推进造林、管护等任务由各类社会主体承担，引导社会资金投入国土绿化。20 世纪 90 年代，我国推行“四荒”拍卖和股份合作制造林，20 世纪 90 年代后期，我国大力发展非公有制林业，一些地方逐步建立了中幼龄林买卖市场，创办家庭林场、股份制林场，盘活林地和林木资源，积极发展非公有制林业政策。

我国积极创新“龙头企业+基地+农户”等融资模式，形成财政金融合力，同时，建立了森林资源资产评估制度、担保贷款体系、林权和碳汇交易流转平台、政策性和商业性保险相结合的森林保险制度，不断增强抵御自然和市场风险能力，促进三北工程的国土绿化事业健康发展[2]。

## 四、协同发展机制

三北工程始终坚持将生态环境治理与民生改善协同推进，以生态治理为着手点，实行生态、经济、社会效益有机结合，坚持把工程建设与区域经济发展、农民群众脱贫致富相结合，改变建设单一生态型防护林的模式，走生态经济型的建设之路。

### （一）兴林与富民紧密结合

40 多年来，三北工程建设坚持以生态林业为基础，将兴林与富民紧密结合，推进了生态林业与民生林业的协调发展，促进了区域农村产业结构调整，通过将三北工程建设与当地特色产业相结合，使当地特色产业成为农村经济新的增长点，有效提升了林业特色产业价值和效益，提高了群众收入，有效促进了贫困人口的脱贫。据不完全统计，工程建设期间共吸纳农村剩余劳动力 31262.51 万人，其中植树造林吸纳农村劳动力 1004.76 万人。据统计，三北工程区有 193 个国家级贫困县，占全国国家级贫困县的 32.99%。截至 2021 年，三北工程区内约 1500 万人依靠特色林果业实现了稳定脱贫。其中，“十二五”期间，三北工程区中 433 万人依靠发展特色林果业实现了稳定脱贫，三北工程对工程区群众脱贫致富预期贡献率约为 27.2%。

### （二）生态建设与产业发展相结合

三北工程中注重恢复和保护森林资源与合理开发利用资源并行，利用三北地区日益增多的森林资源、野生动植物资源、自然景观资源，积极发展养殖业、加工业和森林旅游业，既丰富了工程建设内涵，解放了林业生产力，加大了发展后劲，也优化了产业结构，极大地调动起了全社会参与工程建设的积极性，促进了区域经济发展。工程后续产业的发展，对推动三北工程建设协调、稳定、持续发展，发挥着越来越重要的作用。如宁夏通过三北工程的实施，加大了对特色优势林产业的扶持力度，枸杞种植面积占全国枸杞种植面积的 55%以上，枸杞产业区域品牌优势突出，“中宁枸杞”“宁夏红”

“百瑞源”先后荣获中国驰名商标，农民人均纯收入由工程治理前的253美元增加到现在的1522美元。内蒙古通过三北防护林工程的实施，形成以梭梭肉苁蓉、白刺锁阳、黑果枸杞等为原料的药品、保健品加工业；呼伦贝尔市通过三北工程打造“蓝莓、榛子、沙棘、沙果、玫瑰”五大基地；和林县引进以沙棘为原料的加工企业，年生产各类产品销售收入达5亿元，年创利税8000万元；森林旅游业年接收游客80万人次，各项收入达5000万元。吉林省深入实施红松果材兼用林、经济林、森林中药材种植基地、林草业旅游基地、林草产业园建设等特色产业来提升工程，向贫困县专项投入资金8000多万元，支持发展产业扶贫项目45个，有力助推贫困人口脱贫。山西省在大力提升苹果、梨等传统林产业的基础上，在适宜区积极发展双季槐、黄芩等新产业和“山花旅游”等新业态。左权县羊角乡投资140万元，在9个行政村、1个自然村集中连片移栽黄芩860亩，吸引385户农户积极参与，其中贫困户320户。

### （三）生态恢复与人居环境相统一

40多年的工程建设中，我国坚持因地制宜、科学布局，实行带片网结合，注重人居环境建设与工程建设的有机结合。工程实施40多年以来，借助林业生态的恢复，各地通过森林文化基地建设、开展多种多样的夏令营、建设森林公园、林业生态景区、举办森林文化节等方式，带动工程区人居自然、人文环境的改善。我国目前共建有森林公园8572处，其中国家级3615处，省级4357处，县级600处；共建设国家湿地公园324个，国家沙漠公园90个，国家生态文明教育基地12处。林业工程的建设显著改善了空气质量、减少了自然灾害，同时增强了人与自然之间的交流，增进了人对生态文明的理解，同时使人们的身心得到愉悦放松，提高人们对生态文化的认识和关注，有利于社会对于林业工程的正向反馈，进一步促进生态环境良性发展。

近年来，三北各地抢抓实施乡村振兴战略机遇期，大力推行身边增绿和人居环境改善，打造美丽宜居幸福家园，提升人民群众幸福感。青海省结合大规模国土绿化工作，大力推进森林城镇、森林乡村建设，已累计创建省级森林城镇11个、省级森林乡村12个；绿化美化村庄1650个，其中有87个村庄被认定为“国家森林乡村”，极大地改变了农村缺树少绿的局面。

## 第四节 科技文化

三北防护林在工程建设过程中始终坚持科学研究与生产相结合的原则，以科研教学单位为依托，生产、科研、推广配套展开。三北工程通过加大技术研发的投入，实现实用技术、实用模式和新成果的技术突破；通过多种科技推广途径，促进科技向生产力的转化；通过搭建科技平台，以加强信息交流、吸引项目支持、强化人才培养。三北工程在丰富工程科技内涵的同时，提高了工程建设质量和工程整体建设效益。

### 一、技术研发

三北工程丰富了我国防护林体系建设的科技内涵。工程在建设理念、技术方法、模式、经营、技术推广等方面取得了一系列重大突破，极大地推动了我国林业科技的全面发展，丰富了我国防护林体系建设的科技内涵。

#### （一）造林技术

三北防护林建设，从防沙治沙、抗旱造林、飞播造林和封育四个方面实现了造林技术的突破。

一是在防沙治沙方面，突破了过去被动的以防和治为主的技术方案，提出了综合治理的思路，实现了在防沙治沙上生态效益和经济效益的良性循环。二是在干旱、半干旱地区，突破了造林成活率的技术难关，探索出了以径流林业、深栽造林为主的系列抗旱造林技术，使造林成活率提高了 23 个百分点。三是在飞播造林方面，突破了年降雨量 200mm 的禁区，飞播成效提高 20 个百分点。四是在造林方法上，突破过去以造为主的技术难关，加大了封育和飞播造林力度，加快了工程建设步伐。

### （二）造林模式

在三北防护林建设过程中，我国注重遵循自然规律和经济规律的基本要求，不断调整造林模式，促进工程建设内部结构不断优化。三北防护林建设从单纯造林向造林、保护、经营、利用相结合转变，把管护放在第一位；从注重人工造林向人工造林、封山（沙）育林、飞机播种造林相结合转变，把封山（沙）育林摆在突出的位置；在林分结构上从营造纯林向营造混交林、复层林、异龄林、近自然林相结合转变；在林种结构上从营造防护林为主向防护林和经济林、用材林等多林种相结合转变，把适地适树作为基本遵循；在树种结构上从造乔木为主向乔灌草、针阔叶树种相结合转变，把灌木林放到了优先发展的位置。

自20世纪90年代末开始，我国的三北防护林、北部几大沙区，都以杨树等常见乔木树种为主，在植造林地的时候，人们往往追求“多多益善”。在有效固定沙丘移动的同时，这种方式在20多年后终于出现了弊端：树木大面积死亡，沙区地下水位严重下降。鉴于以上经验教训，结合三北地区实际，我国坚持以“水”定林和量“水”而行，提出了低覆盖度造林模式，明确植被覆盖度在15%～25%的造林覆盖度标准，并且基于20多种固沙造林树种的主要水分利用带，提出了单行一带、两行一带、网格、生态林业体系等4种治沙造林模式[10]。我国明确提出了半干旱区200多种主要造林树种的最低密度，例如，圆柏900株/$hm^2$、樟子松210株/$hm^2$、沙棘420株/$hm^2$、花棒420株/$hm^2$、旱柳270株/$hm^2$等[8]。

### （三）防护林经营

针对工程建设面临的林分老化、生长量下降、生态防护功能减弱等突出问题，五期工程首次把退化林分修复这一项纳入工程造林中，分析了三北地区退化林分现状及成因，提出了三北工程退化林分修复措施，填补了我国在退化林分修复研究领域的空白，探索了防护林体系建设可持续发展的技术路径。此外，在科学研究上，中国科学院沈阳应用生态研究所2003年针对防护林的经营，撰写了《防护林学经营》一书；2006年针对固沙林衰退问题，撰写了“我国防护林衰退问题的思考与对策建议”国家咨询报告；针对三北防护林工程建设30年的成效，撰写了“三北防护林工程建设成效、存在问题与未来发展对策建议”国家咨询报告，为三北防护林的经营提供了科学依据。

黑龙江省近年来把推进风沙干旱区域网格化防风林带作为主攻方向，逐步改善西部耕地风蚀严重的局面。截至2020年，全省累计营造农田防护林46.4万公顷，庇护农田1040万公顷，松嫩平原、三江平原农田庇护率分别达75%、60%左右，使昔日的低产低质田变成了稳产高产田。2020年是宁夏“引黄灌区平原绿洲绿网提升工程”的收官之年，全年完成10.43万亩农田林网提升后，引黄灌区将织起一张27万亩的生态绿网，再现阡陌纵横、水网密布、湿地星罗的“塞上江南”新景观。

## 二、技术推广

“三北”工程按照防沙治沙、水土保持和农田防护林建设的要求，总结、推广、应用了100多种造林模式，充分发挥工程区科研院所、科技推广站和乡镇林业工作站的职能作用，加强技术推广和指导，提高造林质量。此外，三北工程通过开展科技推广年活动、编写技术推广指南、召开技术推广会和组织技术考察等多种形式，普及林业科技知识，增强人们科技意识，并形成省、地、县、乡四级推广网络体系。工程建设以来，取得了显著的科技推广成效。

20世纪80年代，我国推广应用了容器育苗技术、钻孔深栽技术、开沟深栽旱作林业技术、汇集径流抗旱造林技术等为主的系列抗旱造林技术，使造林成活率提高了23%，同时，在飞机播种造林上推广应用了选择飞机播种时机、种子大粒化等技术，飞播造林成效提高20%，突破了年降雨量200毫米以下不宜飞播的“禁区”。

进入20世纪90年代，我国按照不同类型区，组装配套实施造林、营林、经营等综合技术措施，建设科技试验示范区，探索总结治理模式，发挥示范辐射作用。同时我国从工程建设国家专项投资中拿出10%的资金专门用于适用技术的推广，实行项目单报、投资计划单下，从根本上保证了科技推广工作的开展。我国并设立了科技进步推广奖，调动了广大科技工作者推广的积极性，先后推广了深受农民欢迎的先进适用技术 1200 多项，推广面积达到 300 多万公顷，大幅度地增加了科技含量，提高了工程质量，造林保存率由过去的 60%提高到 85%以上。

进入四期工程后，我国按照防沙治沙、水土保持和农田防护林建设的要求，在三北地区，总结推广应用了 100 多种造林模式，并按照功能布局需要，在三北地区推广了生态防护型、生态经济型、生态景观型防护林建设。

从 2004 年开始，针对当前急需要解决的关键问题，国家又专门从工程建设中央政府投资中每年拿出 500 万元科技推广经费，有针对性地选择技术成熟、推广价值高、示范带动作用明显的关键技术进行推广和应用，有力地促进了工程建设。据统计，各地共实施科技推广项目 661 项，推广面积达 4. 35×106 公顷。各地坚持把建设科技推广示范点同带动工程建设全面发展结合起来，在营造林各个阶段与环节全面引入先进适用技术，促进了工程建设质量效益的稳步提升。

进入五期工程后，各地不断采用最新技术成果，大力推广抗逆性强、适生性广、寿命长、生态与经济兼顾的优良树种；重点抓好樟子松、油松、落叶松、侧柏等乔木树种和沙生植物优良品种的繁育和推广；把现有技术优势集成、组装配套，争取在不同立地类型区的整地方式、造林方式、林种和树种配置、乔灌草比例等关键技术上取得突破，推广一批有效的治理模式，推广干旱区机械化造林、抗旱保水剂造林、绿色植物生长调节剂应用等新技术。按照不同地域类型区，我国建立一批代表性强、辐射面广、类型齐全、效益显著的综合示范点。2011 年、2013 年、2015 年我国先后在河北、山西、内蒙古等省（区）建设综合示范区 33 处，建设面积 1755. 33 公顷，相继命名授牌了三北防护林体系试验研究中心、三北工程科技推广中心、陕西横山百万亩防护林基地建设、甘肃静宁百万亩特色林果业基地等科技示范单位。围绕百万亩防护林基地建设、黄土高原综合治理林业示范建设等，我国举办培训班 12 期，培训技术人员 1000 多人次。综合示范区充分发挥工程建设技术、管理、经验等优势，不仅成为新技术、新品种的推广平台，也成为示范引领工程建设的排头兵。

### 三、科技平台

三北防护林工程通过建立信息管理系统、拓展科技研发项目、加强科技人才培养三大科技平台，实现利用科技手段加强工程有效落实和管理。

三北防护林工程局从工程管理层面建立了“三北工程营造林管理信息系统”，并在科尔沁、毛乌素、呼伦贝尔沙地和黄土高原综合治理范围内的内蒙古、辽宁、吉林、黑龙江、陕西、甘肃、宁夏7省（区）69个县作为试点。通过软件开发和网络建设不断完善，初步建成包括局级（国家级工程管理）、省级信息发布平台，初步形成国家、省、县三级部门垂直一体、互联互通、信息同步、资源共享的营造林信息系统管理和信息资源共享平台，推进科技进步和科技成果落地生根，使政策和技术进村进户，直达林间地头。

拓展科技研发项目平台。三北防护林工程建设过程中，国家通过组织实施一些外援项目，以扩大三北工程的影响、加快工程建设步伐、提高工程建设质量、开拓工程建设发展思路。截至2006年年底，三北地区有德国、日本、美国、意大利等25个国家和全球环境基金、世界银行、联合国粮农组织、开发计划署等10多个国际组织和社会团体援助的林业或以林业为主体的项目58项，援助资金超过16亿元人民币，援助领域涉及防治荒漠化、湿地恢复与重建、治理水土流失、林木育种与改良、机械化造林、森林病虫害防治、林业产业开发、科技推广体系建设、森林资源监测管理和信息系统建设等方面。这些项目在三北13个省、自治区、直辖市都有分布。三北工程实施以来，三北局先后组织实施了“中国三北地区造林、林业研究、规划与开发”（简称“中国三北009项目”）、“中德合作三北工程监测管理信息系统项目”和“中国三北地区防护林管理与天牛控制项目（TCP/CPR/2903（A））”等3个国际合作项目。我国通过国际合作项目的实施，全面提升了三北工程的科研、管理、评价和灾害应急水平。

加强科技人才培养。三北局为工程实施开展了多形式、多内容、多层次的培训，培训有2000多期，培训人员200多万人次，有效提高科技人员对广大林农的科学问题的直接解决率，扩大科学技术的辐射范围，提高科技转化效率。

## 第五节 产业文化

三北工程不单纯是一个只突出生态功能的生态防护林建设工程，而是综合考虑了经济建设的功能和目标的工程。随着工程的实施，我国在生态建设的同时，促进三北地区产业结构调整，增加群众收入、实现脱贫致富的指导思想逐步丰富和完善。

通过40多年的建设，三北工程经济、社会效益显著，绿色惠民的效应越来越凸显。三北工程建设了一批用材林、经济林、薪炭林、饲料林基地，在有效解决木料、饲料、燃料、肥料短缺问题的同时，促进了农村产业结构调整和农村经济发展，成为增加农民收入、实现精准脱贫的重要来源，凸显初具规模的三北地域、环境特色的产业体系，使当地特色产业成为农村经济新的增长点，逐渐培育出三北地区特有的产业文化，有效提升了林业特色产业价值和效益，为将绿水青山变成金山银山的全面脱贫攻坚战、建设美丽乡村、实现乡村振兴打下了坚实的基础。

### 一、特色经济林果产业文化

发展经济林果产业，是生态建设与经济建设协同发展的重要抓手。三北工程建设区横跨祖国南北，幅员辽阔，经纬度跨度大，地理类型多样，生物多样性丰富，孕育了各具特色的农林业生产模式。三北工程建设40年来，工程区内建成了以山西、陕西、甘肃为主的优质苹果基地，黄河沿岸的红枣基地，新疆的香梨、宁夏的枸杞、河北的板栗等一大批特色突出、具有较强竞争优势的产业带和产业集群，成为所在地区农牧民脱贫致富奔小康的重要产业，累计完成苹果、红枣、梨、杏、核桃、葡萄、桃、板栗、花椒、樱桃、猕猴桃、枸杞、大果榛子、李子、仁用杏等经济林建设4. 63×106公顷，进入盛果期的经济林每年产出干鲜果品4. 80×107吨，年总产值可达1. 20×1011元，约1500万人依靠特色林果业实现了稳定脱贫。

三北工程建设，极大推动了区域内特色林果业的发展，为三北地区农林业生产注入了活力，打造了一系列特色品牌。

### （一）优质苹果产业文化

苹果是我国水果产业重要品类之一，苹果主产区的分布随着三北防护林工程的实施发生了重大变化。目前，三北地区，尤其是西北高原区（陕西、甘肃、山西），种植面积占到全国的三分之一，成为我国苹果最主要的产区。我国逐渐形成了陕西延安洛川苹果、新疆阿克苏“冰糖心”苹果、宁夏富硒苹果等地方优质品牌，苹果成为中国国家地理标志产品。

### （二）枸杞产业文化

枸杞属植物广布于我国西北、华中、华北、西南等地区，其中以宁夏枸杞分布最为广泛，三北工程区的宁夏、内蒙古、甘肃、青海、陕西、山西、河北、西藏全有分布。枸杞作为重要的经济、生态和药用三位一体的植物，已成为西北各省市重要的经济作物之一。

“中宁枸杞”获评农产品气候品质类国家气候标志。青海省依托其柴达木盆地的独特气候条件，已成为全国第二大枸杞产区。16 家枸杞种植企业获国际有机认证，产品远销日本、欧美、东南亚等国家和地区。

### （三）葡萄和葡萄酒产业

宁夏贺兰山东麓是业界公认的世界上最适合种植酿酒葡萄和生产高端葡萄酒的黄金地带之一。2003 年它被确定为国家地理标志产品保护区。宁夏葡萄产业起步于 1984 年，逐步走出了一条具有宁夏特色的葡萄酒产业、文化旅游融合发展之路。截至 2019 年底，宁夏全区葡萄种植面积达到 49.6 万亩，占全国的 1/4，是全国最大的酿酒葡萄集中连片产区。

为大力发展葡萄和葡萄酒产业，宁夏回族自治区编制了《中国（宁夏）贺兰山东麓葡萄产业文化长廊发展总体规划》等 15 个政策性文件，为产区发展提供了政策支撑。

## 二、林下经济产业文化

生态治理同地方经济发展结合的另一个特色产业是林下经济产业。三北工程建设项目区通过林-药、林-菌、林-菜、林-草等林下种植、养殖模式的立体复合经营，不仅促进了森林培育、美化了生态环境，而且实现了林木和林副产品双丰收，山野菜、中药材、蜂蜜、食用菌等林副产品加工产业链也不断延伸，极大改善了区域经济结构。东北林区是我国著名国有林区，新中国成立后生产木材超过10多亿立方米，约占全国商品材总产量的1/2。人们长期过度采伐造成资源枯竭、生态环境破坏。三北防护林工程建设中，东北展开中药材食用菌培植的林下经济发展方式，如“东北松子”“东北黑木耳”“呼伦贝尔蓝莓”都成为消费市场上的地理名牌产品。

林下经济的另一种经营形式是林下养殖。东北林区林下养殖包括白鹅、鸡、林蛙等，尤其是东北林蛙，取得显著的经济效益，形成了一个长白林蛙“雪蛤”养殖、生产加工、销售、科研等为一体的产业链。其他典型模式如新疆阿勒泰市利用防护林的优势，大力发展林下养羊、养禽模式。

## 三、生态旅游和森林康养文化

森林生态文化是生态文明建设的重要组成部分，生态旅游是培育和弘扬生态文化的重要载体。三北工程的实施带来了生态环境的极大改善，生态旅游和森林康养因此得以取得巨大发展，初步形成了以森林公园网络为骨架，湿地公园、沙漠公园等为补充的生态旅游和森林康养发展新格局。

工程实施40多年来，生态文化发展得到极大重视。建设区通过森林文化（森林康养基地、森林体验基地、森林特色小镇、休闲小镇、森林康养乡村等等）基地建设、开展多种多样的夏令营、举办森林自然教育研讨会、森林文化节等系列活动，鼓励公众参与森林自然教育，践行绿色发展，培育生态文化，为人民提供高品质的生态体验和生态服务，使更多的城乡居民走进自然、亲近自然、享受自然，不断丰富人民的精神文化生活，普惠民生。生态旅游和森林康养增强了人与自然之间的交流，增进了人对生态文明的理解，同时使人们的身心得到愉悦放松，提高了人们对生态文化的认识和关注，促进了生态环境良性发展。

生态旅游成功的典型包括东北的冰雪旅游、内蒙古的草原文化旅游、雄安的“绿色之城”建设等。

## 四、沙产业和草产业

在三北地区，我国分布着大面积的草原和沙地（沙漠），恢复草地生态环境、沙漠化防治都是三北工程建设的重要内容。在生态建设与经济建设相结合的指导思想下，我国合理利用草原与沙漠，产生经济效益，催生了新的产业形式。

### （一）沙产业

沙产业在西北主要是利用现代化技术，包括物理、化学、生物等科学技术，通过植物的光合作用，固定转化太阳能，使用节水技术，以发展知识密集型的农业型新兴产业。这些产业经济活动和特色林果产业、生态旅游产业难以做到严格的区分，你中有我，我中有你。

内蒙古、甘肃、新疆、宁夏等西部省区的沙产业开发如火如荼，已经成为当前实施西部大开发战略中的一项激动人心的事业，有力地推动了西部地区生态建设。

发展沙产业，一是大力发展种植业，积极培育灌木资源，突出发展特色经济林种植业，适度发展速生丰产用材林，注重发展生态经济兼用林。我国通过林草、林药间作，积极发展市场需求最大的绿色食品等产业。二是巩固发展养殖业，以发展畜禽养殖为重点，积极发展特色养殖业，立足于林木资源，发展林下养殖。三是积极发展精深加工业，搞好木材深加工，提高加工工艺水平，增加产品附加值。我国积极发展以灌木资源为原料的饲料、饮料、人造板及造纸加工业。四是适度发展生态旅游业，合理开发和利用森林、沙漠等旅游资源，在坚持生态优先的基础上，有步骤、有计划地开发一批独具特色的森林旅游、沙区特色旅游、生态观光旅游项目。

内蒙古阿拉善盟种植梭梭林嫁接肉苁蓉，发展生态沙生新产业，依托肉苁蓉、锁阳、梭梭等原料资源，大力发展中药肉苁蓉大品种的开发与产业化，开展肉苁蓉药食同源研发。内蒙古通过种植梭梭，防风固沙的同时带动农牧民种植苁蓉，通过肉苁蓉的收入使农牧民脱贫，形成良性的生态产业链。内蒙古产业发展中坚持以绿水青山就是金山银山理念为指导，大力开展产业文化培育，采取仿野生种植方式，深入开发肉苁蓉使用价值，研发新产品，打造肉苁蓉中国健康产品和服务的高端品牌，引领中国沙漠绿色生态健康产业经济发展。

### （二）草产业

草产业在中国是一项新兴产业，尽管近年来取得了迅猛发展，但整体产业水平与发达国家仍存在着巨大差距。草业不仅具有很高的经济效益，而且具有巨大的生态效益和社会效益，是各国农业经济发展的必由之路，是现代农业发展的方向。草产业的发展对生态环境建设、农牧区经济结构调整、增加农牧民收入都具有十分积极的作用。

草产业的核心是进行绿色植物的生产、加工、满足经济生产的物质需求。《中国草业史》界定，中国草业的五大分支产业是草原放牧畜牧业、饲草种植加工业、草种业、草坪地被绿化业、草原文化游憩业。随着我国对草业的深刻理解和内涵的延伸，草业越来越形成一条完整而漫长的系统。从日光能、土地开始到植物、动物生产，最终到社会利用与享受产品，草业具备了多层次、多功能、多效益的景观价值、社会价值和经济价值。草业类型已经从单一的饲用草逐步扩展到景观草类和经济草类。2011 年，中国畜牧业协会草业分会在组建草业专业委员会过程中将草产业归类为十大产业，它们是草地放牧业、饲草产品业、生态工程业、草种业、草原文化旅游业、草地机械业、草坪绿地工程业、草地植保业、草业精加工业、草业商务服务业。随着人们对草业的认知逐步深入，草业的内涵也在不断深入扩展，草业的基础性、公益性、社会性和它的多重功能日益凸显。

# 第六章

# 春华秋实　独树一帜

（三北工程生态文化的硕果）

三北防护林体系建设工程是一项史无前例的开创性工程，面对恶劣的自然条件，各级干部群众不畏艰难，科研工作者助力科技攻关。经过40多年的不懈奋斗，三北工程取得了巨大的生态、经济以及社会效益，同时也记录下了可歌可泣的三北精神，留下了广为流传的三北故事，最终三北人在华夏大地铸就“绿色长城”，实现了由绿到黄的沧桑巨变。

## 第一节　领导人关怀

改善三北地区万里风沙、荒芜凄凉的面貌，实现人与自然和谐共生是几代党和国家领导人的心结，也是几代领导人接力奋斗的伟大事业，更是中国70年来生态文明建设的缩影。从毛泽东同志开始，党和国家历任领导人就对三北地区给予大力的关注和重视，并对工程建设做出过重要指示和评价。

### 一、“绿化祖国”“大地园林化”

三北工程与改革开放同龄，但是关于建设三北工程的伟大构想早就存在于第一代领导人治国理政的蓝图中。毛泽东同志始终牵挂着东北、华北、西北地区绿化事业的发展，通过实地考察对三北的绿化祖国和大地园林化做出过重要指示。20世纪50年代，我国经过战争的摧残以及人们对自然不合理的开发，森林数量急剧下降。面对这种情况，毛泽东同志做出重要指示：“我看特别是北方荒山应当绿化，也完全可以绿化。”1958年8月，在北戴河会议上的讲话中，毛泽东再次强调，“要使我们祖国的河山全部绿化起来，要达到园林化，到处都很美丽，自然面貌要改变过来。”三北工程是毛泽东“绿化祖国”“大地园林化”思想在三北地区的生动体现和鲜活实践，毛泽东的有关论述为三北防护林体系工程的建设奠定了重要的思想基础。

## 二、“绿色长城”

三北工程正式诞生于改革开放时期。1978 年，党中央、国务院从中华民族生存与发展的长远大计出发，做出了在我国西北、华北、东北风沙危害和水土流失重点地区建设大型防护林（简称三北工程）的战略决策。同年，邓小平等中央领导同志在《关于在我国北方地区建设大型防护林带的建议》上作出重要批示，支持在三北地区开展防护林建设。三北工程以“防风固沙，蓄水保土”为建设宗旨，计划用 70 年时间造林 5.35 亿亩，在我国北方构筑一道坚实的绿色屏障。工程开展以后，邓小平始终关心其进展情况。1988 年该工程开展 10 年时，已取得可喜成就，初步实现“沙进人退”到“沙退人进”的转变，由原来的黄沙蔽日变为绿茵遍野。1988 年 5 月 11 日，邓小平为三北工程题下四个大字：绿色长城。邓小平同志的这一题词是对三北工程特征、性质、功能、定位最形象的描述与概括，至今仍被广泛延用。

## 三、“再造秀美山川”

江泽民同志在 1997 年发出了“大抓植树造林，绿化荒漠，再造一个山川秀美的西北地区”的伟大号召。1991 年、1993 年，江泽民、李鹏同志两次致信三北工程暨防沙治沙大会，要求“各级党委政府把三北防护林及防沙治沙工作列入重要议事日程，经常加以研究，切实加强领导，动员广大群众、科技人员和其他方面力量，真抓实干”。1997 年 8 月 5 日，江泽民同志在时任国务院副总理姜春云的一篇西北地区水土流失调查报告上，作出重要批示：“……历史遗留下来的这种恶劣的生态环境，要靠我们发挥社会主义制度的优越性，发扬艰苦创业的精神，齐心协力地大抓植树造林，绿化荒漠，建设生态农业去加以根本的改观。经过一代一代人长期地、持续地奋斗，再造一个山川秀美的西北地区，应该是可以实现的……”①

### 四、“构筑绿色生态屏障”

胡锦涛同志充分肯定了三北工程取得的从“沙逼人退”到“人逼沙退”的转变，多次到三北地区考察。2007年11月，他在考察内蒙古时，作出了“保护好大兴安岭这片绿色林海，为建设祖国北方重要生态屏障作出贡献”的重要指示精神。2006年10月，温家宝同志强调，要“继续推进以三北防护林为重点的防护林体系建设，提高森林覆盖率”。回良玉同志对三北工程建设作出了一系列重要指示。其他党和国家领导人也十分重视和关心三北工程建设。宋平同志曾寄语林业部门：“三北防护林工程是我国北方一项巨大的生态工程，利国利民，一定要克服困难，持续建设，务必建成。”

### 五、“祖国北疆绿色生态屏障”

党的十八大以来，习近平总书记多次深入三北各省区考察，对加强三北防护林、推进生态工程、筑牢国家生态安全屏障作出许多重要指示。党的十八大以来习近平总书记分别考察了三北工程的重要覆盖地区，包括内蒙古、青海、山西、宁夏等。他指出，“把内蒙古建成我国北方重要生态安全屏障，是立足全国发展大局确立的战略定位，也是内蒙古必须自觉担负起的重大责任。”在山西考察时，习近平总书记再次提道：“你们这里是华北水塔，京津冀的水源涵养地，是三北防护林的重要组成部分，是拱卫京津冀和黄河生态安全的重要屏障。”他要求切实治理和保护好汾河，“让一泓清水入黄河。”

党的十八大以来，是党中央、国务院对工程建设重视程度最高、支持力度最大的时期，也是区域内生态环境改善最明显、群众参与工程建设得实惠最多的时期，工程建设步伐明显加快。十八大以来，中央给予三北工程五期建设的补助标准和财政支持大幅度提高，人工造林补助由过去的200元每亩提升到300元每亩。“十二五”时期我国对三北工程的投资达到96.08亿元，比“十一五”时期增长了60%多，地方配套补助达94.55亿元，中央和地方

---

① 改善生态，任重道远［N］．人民日报，1999-08-12（11）．

财政支持数额均创下了历史新高。三北工程已经成为我国生态建设的标志工程，是改善三北地区生态面貌的骨干工程，是增加农民群众收入的致富工程，是统筹区域经济社会可持续发展的保障工程，是促进人与自然和谐的基础工程。

## 第二节 三北精神

精神的力量是伟大的。习近平总书记指出："人无精神则不立，国无精神则不强。"伟大人民造就伟大精神，伟大精神成就伟大事业。40 多年来，三北地区广大人民在党和政府的坚强领导下，在祖国北疆筑起了一道生态安全屏障，铸就了伟大的三北精神。

### 一、不忘初心、牢记使命

40 多年来，一代又一代的三北工程建设者不忘生态文明初心，牢记工程建设使命，听从党的召唤，为建设生态中国、美丽中国，做出了不可磨灭的贡献。

#### （一）贯穿植树造林、绿化祖国的初心

新中国成立后，党中央历代领导集体始终以战略眼光关注着与人类生存、发展息息相关的生态问题，做出了一系列重大决策。三北工程在绿化祖国恢宏战略中应运而生，凝聚着"要使我们祖国的河山绿化起来"的不变初心。为从长远战略上明确工程建设的总目标和总任务，国务院批复同意了三北工程从 1978 年开始到 2050 年结束，分三个阶段八期工程进行建设的总体规划。三北工程作为植树造林、绿化祖国的百年大计，满足了人民的期待，凝聚了人民的伟力，塑造了不断造福人民的生态工程、民生工程，镌刻了为人民谋福祉的历史使命。

### （二）履行维护国家生态安全的使命

三北工程累计完成造林保存面积 3014.3 万公顷，工程区风沙危害持续减轻，水土流失治理成效显著，农田林网增产效应日益显现，区域内生态环境发生了显著变化，为维护祖国生态安全做出了巨大贡献。三北工程致力于维护国土安全、水资源安全、粮食安全和大气环境安全，在祖国构筑起一道抵御风沙、保持水土、护农促牧的绿色长城。

### （三）聚焦建设生态文明的目标

党的十八大将生态文明建设纳入中国特色社会主义事业“五位一体”总体布局中，“美丽中国”成为中华民族追求的新目标。三北工程坚持生态修复治理与人居环境改善并举，推进山、水、林、田、湖、草、沙、路、居相依的城乡森林生态系统建设，始终把为人民群众提供良好的生产生活条件作为根本任务，着力改善人居环境，不断增加城乡绿量、提升城乡生态品位，增加了群众生态福祉，让群众更加便捷、充分地享受工程建设带来的实惠。

### （四）构建人类生命共同体的壮举

三北工程是造福工程，展示了中国政府对事关人类共同命运的国际事务高度负责的强烈责任感。三北工程被誉为世界生态工程之最，受到了国内外的广泛关注，以工程建设为载体和纽带的林业国际交流与合作持续加强。

三北工程是各国共建生态文明的范例。三北工程建设初期，外国政府、国际组织、社会团体以及友好人士通过林业或以林业为主体的项目援助，支持中国生态建设。三北工程是对外合作交流的旗帜。国际社会赞誉三北工程是“改造大自然的伟大壮举”“世界生态环境建设的重要组成部分”。截至此书截稿前，共有 100 多个国家的元首、大使、专家学者参观考察了三北工程。

## 二、不畏艰难，艰苦奋斗

### （一）“烧饼工程”

三北工程前期推行统分结合的造林政策，采取国家投一点、社会补一点、人民群众做主力军的方式开展建设。据三北工程第一阶段评估结果显示，群众无偿投工投劳16亿工日。根据当时实际情况，榆林市119万亩治理每亩补助仅仅才1元钱，等于3个绥德烧饼，但群众不计回报，不惧艰难困苦，成了工程建设的主力军。

### （二）“只要精神不滑坡，办法总比困难多”

坚定的信念是干好三北工程这项伟大事业的精神支柱。40多年来，三北地区各级党和人民政府、广大人民群众抱定造林治沙事业必胜的信念，创造了一个又一个的奇迹。柯柯牙是新疆阿克苏市的主要沙源，威胁着几十万居民的生产生活。三北二期工程实施过程中，地委、行署下定决心要拔除这个沙源。通过充分调研论证，经历多次踏勘测量、反复试验分析等，地委、行署提出了“引水、排碱、换土、造林”的治理思路，尝试多种栽植方法。在多种有效方法的指导以及人民群众的艰苦奋斗和顽强拼搏下，树木成活率达到了87.3%，超过了国家规定的造林标准。

### （三）“栽活一棵，不愁一坡”

三北工程启动之初，三北大地上绿色难见其迹。正是三北地区人民群众坚定斗争意识，发扬斗争精神，才让绿色蔓延在三北400多万平方千米的土地上。

永和县是山西省的深度贫困县，曾是一片荒芜。三北工程启动后，永和县委县政府高度重视，投入大量人力物力，探索出“专业队造林，按成活结算”“育苗户栽植，保栽保活”“用自己的人，办自己的事”的道理。永和县政府通过不懈努力，终于让绿色生命占据了荒寂的山峰。

(四)“生命不息，造林不止”

绵亘万里的风沙线上，三北人像白杨树一样，绽放生命的色彩。

董福财生前系辽宁省阿尔乡镇北甸子村党支部书记。阿尔乡镇是“辽宁沙窝子”北面第一道防线，寸草难生，终日风沙漫卷。董福财带头栽树造林，在不懈坚持下，沙地上有了绿意，周边的耕地也受了益。越来越多的村民和他一起干起来，把树苗成活率提高到了85%以上。通过栽树、修路，村子走上了致富之路，董福财却积劳成疾病逝了。董福财虽然离开了，但他不惧困难、造福于民的精神代代相传。

## 三、依靠群众，兴林富民

(一)“为人民造林，靠人民造林”

在三北工程启动前，恶劣的生态环境阻碍着三北人民求生存、求幸福的步伐。三北工程坚持人民至上的理念，充分发挥人民群众的智慧和力量，将林业生态建设推上了快车道。

甘肃民勤县三面被沙漠包围，沙漠和荒漠化面积占90.34%。近年来，当地将防沙治沙作为全县经济社会发展的首要任务，发动人民群众大规模开展治沙造林活动。据统计，2017年全县农村居民人均可支配收入已达到11250元，比“十一五”末净增6032元，其中来自沙产业、工程压沙的收入占比达到36%。

(二)“为致富栽树，靠栽致富树”

为了保证地方和农民有持续的积极性和承受能力，满足人民群众对根本利益的基本诉求，三北二期工程确定了建设生态经济型防护林的思路，树立了兴林为了富民、富民才能兴林的理念。

山西省大宁县是生态脆弱与生产落后的高度重合区。脱贫攻坚战役打响以来，大宁县将“生态建设”和“脱贫攻坚”紧密联系起来，实施了购买式造林与脱贫攻坚相结合的“生态扶贫”创新之路，调整了生产关系，开创了生产力开创生态文明建设的新局面。

### （三）“全党动员，全民动手，全社会办林业”

习近平总书记强调：“我们最大的优势是我国社会主义制度能够集中力量办大事。这是我们成就事业的重要法宝。”40多年来，在党的集中统一领导下，三北工程区各族干部群众勠力同心，协力奋战，积极投身国土绿化事业，三北大地山河在党和群众共同努力下发生了巨变，谱写了人与自然和谐共生的动人篇章。

## 四、锲而不舍，久久为功

### （一）“一任接着一任干，一张蓝图绘到底”

三北工程是世界上规划时间最长、规模最大、条件最艰苦的林业生态工程。邓小平同志提出了“植树造林，绿化祖国，造福后代”的要求，并将植树造林确定为公民的法定义务；江泽民同志发出了“绿化美化祖国，再造秀美山川”的号召；胡锦涛同志作出了“保护好大兴安岭这片绿色林海，为建设祖国北方重要生态屏障作出贡献”的指示；习近平总书记在三北工程建设40周年之际明确要求“巩固和发展祖国北疆绿色生态屏障”。党中央、国务院一直高度重视三北工程等林业生态建设，持续不断从顶层设计上推动三北工程的永续发展。

### （二）“功成不必在我，功成必定有我”

习近平总书记指出，要有“功成不必在我”的精神境界和“功成必定有我”的历史担当。1986年，彭阳城阳乡陈沟村农民杨万珍带领全家以愚公移山的精神，治理大小沟壕100多个，移动土方4万余方。新时期，“彭阳精神”仍然在指引这里的人民砥砺前行。而千百个“杨万珍”，用铁锹挖出的带子林可以绕地球两圈半，已经为彭阳的腾飞打下了坚实的基础。

### （三）“献了青春献终身，献完终身献子孙”

三北精神汲取了中华优秀文化中“天下为公，无私奉献”的价值内核，在建设工程中涌现出了一批终身只做造林事的务林人。甘肃省武威市凉州区长城镇红水村地处腾格里沙漠边缘，王银吉父子俩为了摸清风沙的流动规律，迎寒风、冒酷暑，常年在流沙最严重的风沙线上行走。2005 年，王银吉年仅 14 岁的小儿子被发现脑瘤晚期，他在弥留之际对王银吉说：“爸爸，你一定要把我埋在沙窝里，我要陪着你们把这片沙漠治好……”20 多年过去了，风沙口上已经“织”出了一道南北长 4000 米、东西长 3000 米的防风固沙林带，栽植各类苗木 620 多万株，治理沙漠已超过 8300 亩。

## 五、科学求实，改革创新

党的十一届三中全会开启了我国改革开放历史新时期，三北工程伴随改革开放的步伐拉开了帷幕。

### （一）实事求是，一切从实际出发

就地取材，不等不靠。为了栽好杨树，群众创造出了“捣（倒）坑埋干造林法”“挑沟埋干造林法”等栽植方法。各级林业部门组织群众开展了杨树等树种的播种育苗活动，特别是在杨树种子育苗中探索出了“泥浆育苗法”。

因害设防，守护家园。和田地区地处塔克拉玛干沙漠南缘，31 户社员被风沙赶出家门；20 世纪 80 年代，和田地区进入植树造林高潮，向沙漠、戈壁、河滩、碱滩进军，到 1984 年上半年，和田地区在沙漠前沿营造了一片片沙枣林、红柳林、胡杨林、柳树林、白杨林，绿洲内也建设了完备的农田防护林网。

治沙护土，增收致富。三北地区人民采取各种有效措施防沙治沙和对山地丘陵小流域综合治理，让沙害变沙利。陕西省榆林市就是一个通过治沙护土让百姓增收致富的典型，集中建设了百万亩红枣、“两杏”、核桃、海红果等经济林基地。

### （二）与时俱进，守正与创新融合发展

理论创新，推动工程科学发展。三北工程在工程建设中应针对不同的治理对象和需求因地制宜，有侧重地实行防护林与用材林、经济林、薪炭林、特用林因地制宜，有侧重地实行多林种结合；根据自然条件和建设实际实行林带、林网和片林结合。

思路创新，顺应时代发展要求。三北工程紧紧围绕我国经济和社会发展不同时期不同阶段的战略目标和战略任务，在国民经济和社会发展大局中找准支点，把握方向。一期工程提出了“以防护林为主体，多林种相结合”“实行网带片相结合”“乔灌草结合”等建设思路。二期工程确立了建设生态经济型防护林体系的指导思想。三期工程确立了区域性防护林体系建设思想。四期工程推进新农村建设试点。五期工程大力推进科技、机制、管理和政策创新。

机制创新，激发工程建设活力。国家按照“政府主导、市场主体、社会参与”的原则，实行补助普惠制和奖补政策，推进造林、管护等任务由各类社会主体承担，引导社会资金以多种形式投入国土绿化。各地建立国土绿化目标责任制，建立森林生态补偿基金，并逐步提高补偿标准。

## 六、惠及子孙，造福人类

1988 年，在三北工程建设 10 周年之际，邓小平同志为三北工程写下了“绿色长城”的题词。这座“绿色长城”贯穿三北，见证着中华民族的苦难、忧患、奋斗与梦想，是当代中国人民抵御自然灾害、造福子孙后代的千秋伟业。

### （一）前人种树，后人乘凉

习近平总书记多次强调，我们这一代人就是要发扬前人栽树、后人乘凉的精神，多种树、种好树、管好树，让大地山川绿起来，让人民群众生活环境美起来，用自己的努力造福子孙后代。

40 多年来，三北工程建设累计完成造林保存面积 3014.3 万公顷，工程区

森林覆盖率由 1977 年的 5.05%提高到了 13.57%，有效地缓解了三北地区生态状况进一步恶化的趋势，提高了抵御自然灾害的能力，改善了人居环境和生产条件。三北工程大力兴建防护用材兼顾、针阔乔灌混交、保土蓄水双优的后备森林资源基地，初步建成了一批以松、杉、柏等高生态效益树种为主的防护林基地，为我国储备了十分宝贵的后备森林资源。三北工程启动实施以来，我国始终把农田防护林置于工程建设的优先发展地位。例如，在东北、华北、黄河河套等平原农区营造带片网相结合、集中连片、规模宏大的区域性农田防护林 165.6 万公顷，有效庇护农田 3021.41 万公顷，实现了由“南粮北调”到“北粮南运”的转变。

### （二）振兴产业，脱贫致富

三北工程建设坚持以市场为导向，以基地建设为基础，以广大农民为主体，大力发展特色林果业，建设苹果、红枣、梨、杏、核桃、葡萄、板栗、花椒、樱桃、猕猴桃、枸杞、大果榛子、红松（嫁接）等特色林果基地 406 万公顷，形成了一批集中连片的经济林产业种植优势产区和基地。

### （三）中国方案，影响世界

三北工程 40 多年的伟大实践，为全人类进行全球生态治理，提供了优质、可借鉴、可复制的中国理念、中国方案和中国智慧。三北工程探索出了一套适合三北地区区情的生态治理技术路线，积累了宝贵经验，形成了我国防护林体系建设的基本理论，为全球生态治理体系建设贡献了中国理念。40 多年来，三北地区一代代治沙人创造了多个防沙治沙的“中国方案”。如今，这些治沙“中国方案”插上了“一带一路”的翅膀，飞向哈萨克斯坦、巴基斯坦、沙特阿拉伯、伊朗等中亚荒漠化较为严重的国家。中国科学院新疆生态与地理研究所与中亚多个国家签订了合作协议，共建了多个研发平台；构建了哈萨克斯坦首都圈生态屏障及蒙古退化草地生态修复技术体系，并分别建成了试验示范区等。

## 第三节 先进人物

三北地区广大人民群众充分继承和发扬以自强不息为核心的中华民族精神，把改善生存环境的强烈愿望化为建设绿色家园的不竭动力，不屈不挠，奋力前行，三北工程涌现出了王有德、石光银、牛玉琴、石述柱等一大批甘于奉献的群众典型。他们谱写了一曲又一曲壮丽辉煌、可歌可泣的感人诗篇，创造了“不忘初心、牢记使命，不畏艰难、艰苦奋斗，依靠群众、兴林富民，锲而不舍、久久为功，科学求实、改革创新，惠及子孙、造福人类”的“三北精神”，成为推动三北工程取得辉煌成就的强大精神动力。

在防沙治沙的人群之中，有靠双手开荒种树的老者，有积极投身林业建设的林业学子，也有新时代的传承者。林业人矢志奋斗，助力脱贫攻坚，兵团战士不忘初心，担起护林使命，他们共同创造了“将论文写在祖国大地上”的伟大成就。

### 一、绿色长城奖章获得者——石光银

1984 年，胸怀治沙志向的石光银响应国家鼓励个人承包治沙的政策，带领妻儿搬家到沙区，和乡政府签订了承包治沙 3000 亩的合同。他培育的树苗成活率高达 85%以上，石光银的联户承包治沙首战告捷。1985 年春，石光银作为特邀代表出席了陕西省林业厅局长会议，并在会上介绍了治沙经验。从省城回去后，他立即与国有定边长茂滩林场签订了承包治理多达 5.8 万亩荒沙的合同。次年春季，石光银便带领 100 余人展开了“三战狼窝沙”的治沙攻坚战。然而，由于遭遇风蚀沙埋，大规模的治沙工作两战两败。石光银在挫折面前不屈服，他总结工作经验，吸取失败教训，到县林业局向林业技术员请教，去榆林、横山等示范地学习治沙经验。1988 年春，他带领群众第三次奋战狼窝沙，以“障蔽治沙法”为指导，先在迎风坡画格子搭设沙障，使沙丘不流动，再在沙障间播沙蒿、栽沙柳固定流沙，在沙丘间地栽植杨树、柳树，实现树苗成活率再次达到 80%，“三战狼窝沙”也最终取得了胜利。

纵观石光银35年治沙路，有25万亩土地得到综合治理，治沙树种也在逐年、逐步实现优化革新，现林木总价值已达2亿元以上。他为我国治沙事业作出了巨大贡献。石光银先后11次受到党和国家领导人的接见，获得各类荣誉称号。他的先进模范工作者奖状、奖牌上百件，在2021年6月29日，他荣获中共中央授予的“七一勋章”。

## 二、绿色长城奖章获得者牛玉琴

1985年起，牛玉琴以家庭承包的形式在毛乌素沙漠南部沙区种草种树、治沙绿化。在几十年的治沙岁月里，不论是风暴灾害，还是家庭的变故，都没有将牛玉琴打倒。她用辛勤的汗水和顽强的毅力谱写了一曲人类征服恶劣自然环境的赞歌，树立了一个共产党员的光辉形象。从“一棵树”到2850万棵，沙漠治理面积从“1万亩”到11万亩，林草覆盖率达85%。昔日风沙弥漫的荒沙滩变为绿洲。治沙事业发展壮大的同时，牛玉琴也没有忘记父老乡亲。她修校铺路、通电引水，解决了当地孩子们的教育问题，同时也为本土农民打开了致富通道。

牛玉琴的先进事迹轰动国内外。1933年，联合国粮农组织授予牛玉琴“拉奥博士奖”。联合国开发计划署还将牛玉琴的治沙“奇迹”拍摄成专辑电视片在公共电视网中播放，向世界各国推广介绍。牛玉琴自1985年以来获各级政府奖励、荣誉称号近20项。1990年被全国绿化委员会授予“三八”绿化奖章；被全国妇联评为全国“三八红旗手”和全国“双学双比”女能手；1995年被评为“全国十大女杰”和“全国劳动模范”；1996年被中组部评为“全国优秀共产党员”。

## 三、“时代楷模”——八步沙六老汉

八步沙，是腾格里沙漠南缘、古浪县北部的一个风沙口。40多年前，这里是寸草不生的不毛之地，随着气候干旱和过度放牧，沙地不断南移，给当地3万多群众的生活造成威胁。作为三北防护林前沿阵地，1981年古浪县着手治理荒漠，对八步沙试行“政府补贴、个人承包，谁治理、谁拥有”的政策。时任土门公社漪泉大队主任的石满老汉第一个站了出来。他说："多少年了，都是沙赶着人跑。现在，我们要顶着沙进！治沙，算我一个！"紧接着，郭朝明、贺发林、张润元、罗元奎、程海也站了出来。六位老汉，四位共产党员，他们以联户承包方式，组建了八步沙林场。这几位普普通通的西北治沙老人，被当地人亲切地称为"六老汉"。

从最开始"一步一叩首，一苗一瓢水"的土办法，到推广"一棵树，一把草，压住沙子防风掏"的方式，造林成活率和保存率都得到大幅度提高。从"六老汉"到他们子辈的"六兄弟"，再到孙辈成为八步沙的治沙人，三代人将治沙的接力棒手手相传。八步沙林场管护区内林草植被覆盖率由治理前的不足3%提高到现在的70%以上，形成了一条南北长10000米、东西宽8000米的防风固沙绿色长廊，确保了干武铁路及省道和西气东输、西油东送等国家能源建设大动脉的畅通。

### 四、绿色长城奖章获得者石述柱

"豁出一辈子，做好一件事"，是石述柱入党时立下的誓言。半个多世纪，从风华正茂到年近古稀，治沙英雄石述柱始终坚守这一誓言，扎扎实实做了"一件事"。

石述柱所在的宋和村，地处民勤县风沙口上，三面环沙，自然条件十分恶劣。1955年，19岁的石述柱担任了村团支部书记，他请缨组建起全县第一支青年治沙队。从此，石述柱与宋和村人共同扛起了治沙造林这杆大旗，开启了改变命运的征程。他带领80多名团员青年，走进了村东的大沙河，在那段艰苦岁月里，全村老少天一亮就走进沙窝。他们从几里以外把黏土拉回来，再一筐一筐地抬上沙坡。石述柱总是抢最累最苦的活儿干，这种拼命精神激发了全村人苦干实干的信心和决心。村里人服了这个拼着命干活的团支部书记，再苦再累，也没有人打退堂鼓。人心齐，泰山移，宋和村人一筐一筐地背，一锨一锨地挖，一桶一桶地挑，一棵一棵地植，日复一日、年复一年地干。在长期的实践中，石述柱总结经验，摸索创造了黏土沙障与林木封育结合的"宋和样板"。这种治沙模式被著名科学家竺可桢命名为"民勤模式"。经过50年的奋斗，宋和村构筑起长9000米、宽2500米的万亩林场，这条绿色屏障不仅保护了全村3000亩耕地，每年还能创造经济效益250多万元。

石述柱在半个世纪的风雨历程中，用自己的心血和汗水，带领群众在沙海中营造了一片绿洲，在风沙线上树起了一座丰碑，使这块贫瘠土地上的群众过上了幸福的生活。石述柱先后获得“全国十大防沙治沙标兵个人”“全国劳动模范”“全省优秀共产党员”“优秀党支部书记”等荣誉称号。

## 五、三北防护林体系建设工程先进个人李永春

1982年，刚刚毕业的李永春怀着改变家乡生态面貌的志向，回到赤峰，成了市林业工作总站的一名林业工作者。1986年，国家林业总局（现国家林业和草原局）确定在翁牛特旗搞薪炭林试点建设的工作。李永春与当地林业技术人员深入工作第一线，组织实施试点工作，经过5年的时间，营造薪炭林3.7万亩。这项成果于1993年获得内蒙古自治区林业厅科技进步三等奖。同年，李永春到巴林右旗胡日哈苏木参加沙化草牧场防护林建设工作。面对风沙危害的困难，他坚持在造林第一线，经过3年的时间，完成造林1.4万亩，15万亩沙地得到有效治理。从1997—2000年的4年间，李永春参加了大青山治理工作，依靠科学的规划设计，仅营养袋造林近百万株，成活率超过85%，同时开创了以林果业为主、农林牧为副相结合的多结构、多功能、高效益的立体生态经济型生产新格局，荣获了赤峰市科技进步一等奖。自2003年4月开始，李永春负责全市京津风沙源治理、退耕还林工程建设。为了根治沙患，2009年，李永春与站里的工作人员全面分析翁旗沙化土地状况，编制了《科尔沁沙地严重沙化区翁牛特旗综合治理工程规划（2009—2012年）》，并顺利通过了自治区林业厅组织的论证评审。在他和同志们坚持不懈的努力下，翁旗共治理流动沙地350多万亩，打造了一批面积超20万亩的大规模重点防沙治沙示范工程。

李永春多次获得上级的表彰奖励。2007年赤峰市人民政府授予李永春“全市防沙治沙先进个人”荣誉称号，2010年全国绿化委员会授予李永春“全国绿化奖章”。

## 第四节 优秀典型

三北工程启动前，三北地区风沙危害、干旱和水土流失导致的生态灾难严重制约着经济和社会的发展，三北工程不仅对改善三北地区和全国的生态环境起着决定性的作用，而且对促进当地经济社会发展、早日实现农民脱贫致富的愿景、对促进我国国民经济社会可持续发展具有战略意义。自工程启动以来，三北地区坚持以防沙治沙和水土保持为重点，生态建设与发展地区经济、促进农牧民增收相结合，三北防护林工程建设呈现出持续、快速、健康的发展态势。经过 40 多年持续建设，三北地区形成了河北塞罕坝、山西右玉、陕西延安、新疆阿克苏等一批绿色发展的优秀典型。

### 一、京津绿色生态屏障——河北省塞罕坝林场

河北省塞罕坝林场地处内蒙古高原南缘浑善达克沙地南沿，地貌为高原和山地，海拔 1010~1940 米，是滦河、辽河两大水系的发源地之一。塞罕坝林场于 1962 年由林业部建立，是河北省林草局直属的大型国有林场、国家级自然保护区和国家级森林公园，总经营面积 140 万亩。建场以来，塞罕坝林场的林地由建场前的 24 万亩增加到 112 万亩，增长了近 4 倍；林木总蓄积由建场前的 33 万立方米增加到 1012 万立方米，增长了近 30 倍；森林覆盖率由建场前的 12%提高到 80%；截至 2017 年年底，塞罕坝地区累计完成封山育林项目 20 万亩，完成种苗基地建设 222 亩，采种基地建设 7. 52 万亩次，“再建三个林场项目”人工造林 17. 5 万亩，取得了“人逼沙退、绿荫蓝天”的成就，有效地阻滞了浑善达克沙地的南移，阻挡了风沙对京津的侵袭，为优化首都及周边地区生态环境奠定了坚实的基础。同时，塞罕坝的森林植被和湿地生态系统每年涵养水源、净化水质 2. 74 亿立方米，有效地涵养了滦河和辽河水源。据评估，塞罕坝的森林和湿地每年可固定二氧化碳 81. 41 万吨，释放氧气 57. 06 万吨。

在发挥生态、经济、社会三大效益的同时，河北省塞罕坝林场为京津地

区筑起了一道坚不可摧的绿色生态屏障，成为全国生态建设的旗帜和标兵。河北省塞罕坝林场先后获得“国有林场建设标兵”“全国森林经营示范国有林场”“全国科技兴林示范场”“全国森林防火工作先进单位”“时代楷模”“全国‘五一’劳动奖章”“地球卫士”等荣誉。

## 二、新时代三北防护林“陕西样板”——陕西省延安市

延安市地处黄土高原丘陵沟壑区，是黄河中游水土流失最为严重的地区之一，生态地位极为重要。20世纪末，延安水土流失面积高达2.88万平方千米，占总面积的77.8%。土壤侵蚀模数达9000吨/平方千米，年入黄泥沙2.58亿吨，约占入黄泥沙总量的1/6。

经过40多年不懈努力，特别是1999年以来的跨越式发展，至2017年底，全市共完成营造林总面积2134.58万亩，年均118万亩，其中三北防护林四期、五期累计完成营造林250.28万亩。森林资源面积和蓄积持续增长，天然次生林由原有的1625万亩增加到1893万亩；全市森林覆盖率达到46.35%，比1999年提高了12.7个百分点；植被覆盖度由2000年的46%提高到2016年的67.7%，提高了21.7%。全市年平均沙尘日数由1995—1999年的4~8天减少到2010—2015年的2~3天。至2017年底，全市累计治理水土流失1.97万平方千米，年均土壤侵蚀模数由9000吨/平方千米下降到7000吨/平方千米，入黄泥沙由每年2.58亿吨下降到1.96亿吨。山川大地基本实现了由黄到绿的历史性转变。通过2000—2012年卫星遥感图对比，可清晰地发现，延安退耕还林工程实施区域颜色变绿变深趋势尤为明显。2012年，全市城区（县城）绿化覆盖率达到42.65%，人均公园绿地面积增至14.45平方米，水岸林木绿化率达到96.14%，道路林木绿化率达到98.47%。2015年10月对全市森林资源评估结果显示，全市森林资源资产总价值5847.5亿元，森林生态产品价值428.5亿元，每年固定二氧化碳572万吨，价值4.8亿元；释放氧气417万吨，价值4.3亿元；净化大气服务价值48.6亿元；涵养水源9.41亿立方米，价值111.4亿元；保持水土5297万吨，价值86.8亿元；农田防护价值14.5亿元；物种保育价值134.8亿元；景观价值0.4亿元。

## 三、从“添绿”到“生金”的柯柯牙绿化工程——新疆维吾尔自治区阿克苏地区

1986年，阿克苏地区数万名群众第一次在柯柯牙地区种植2559亩树木，到2005年，形成了一条27000米的绿色长廊。经过40多年的建设，柯柯牙绿化工程累计完成造林面积115.3万亩，构筑了一道宽47000米、长50000米，集生态林、经济林于一体的“绿色长城”。工程的实施逐步改变了周边的自然环境，通过地区气象台对柯柯牙区域数十年的气象资料分析，阿克苏地区沙尘暴日数比造林前的年平均值少了6.5天。

柯柯牙绿化工程营造生态林的同时，栽植了如苹果、香梨、桃等众多经济林，林果产品产量高质量好，丰富了果品市场，畅销全国各地。林果业的快速发展，有力地配合了防沙治沙工程的顺利开展，在改善生态环境的同时，推动地区经济，增加了农民收入。绿化工程产值达到2.2亿多元，2017年，农民人均林果纯收入已占农民人均纯收入的32%。

柯柯牙绿化工程从东、北、南三面将阿克苏市和温宿县城环绕起来，成为蔚为壮观的城郊“森林公园”和令世人惊叹的“大漠绿屏”，已成为保卫阿克苏市、温宿县两地免受风沙侵害之苦的绿色长城，并孕育了“自力更生、团结奋进、艰苦创业、无私奉献”的柯柯牙精神。柯柯牙绿化工程曾被联合国环境资源保护委员会列为“全球500佳境”之一。

## 四、三北绿色明珠——山西省右玉县

右玉县位于晋西北端的古长城脚下，境内丘陵起伏，沟壑纵横，是“三北”防护林建设重点县。全县总国土面积295.3万亩，辖4镇6乡1个旅游区、321个行政村，总人口11.5万。新中国成立初期，右玉仅有残次林8000亩，林木绿化率0.3%，土地沙化面积达225万亩，占总土地面积的76.2%。自1978年启动“三北”防护林体系建设工程以来，右玉县在不断进行“锁风沙、治沟壑、护河岸”实施大面积杨树造林的基础上，创新造林模式，加大造林投入，大力改善生态环境，着力构筑晋西北乃至华北地区生态保护屏障，先后完成“三北”防护林体系建设工程人工造林80.7万亩，飞播造林1.5万亩，封山育林7.5万亩。目前，全县有林面积有150多万亩，林木绿化率为

54%，基本形成了网、带、片、乔、灌、草相结合的防护林体系，昔日的“不毛之地”变成了闻名全国的“塞上绿洲”。

右玉县先后荣获三北防护林建设先进县、三北防护林工程建设突出贡献单位、全国治沙先进单位、全国绿化模范县、全国绿化先进集体、国土绿化突出贡献单位、美丽中国示范县、国家级生态示范区、国家可持续发展实验区、国家4A级旅游景区等多项国家级荣誉。右玉县在绿色创业中孕育形成了右玉精神，得到了中央和山西省委的充分肯定，习近平总书记五次对其作出重要批示指示。右玉精神已经成为推动全县改革发展、促进富民强县的强大动力。

### 五、“陇上塞罕坝”——甘肃省民勤县

民勤县隶属甘肃省武威市，东西北三面与内蒙古阿拉善盟接壤，距古丝绸之路重镇武威90千米，经连霍高速东通兰州、西连新疆、南达青海，经已开工建设的北仙高速南通青海西宁、北至宁夏银川。全县总面积1.59万平方千米，荒漠化和沙化面积占90.34%，在地理环境梯度上处于全国荒漠化监控与防治的最前沿，全域干旱缺水、风沙肆虐，是全国四大沙尘暴策源地之一，是全省乃至全国荒漠化面积较大、危害较严重的区域之一，其荒漠化土地类型的空间分布在全国同类地区具有典型性和代表性，属全国防沙治沙重点县，被国家列入“两屏三带”重点生态功能区——北方防沙带。

通过三北工程的引领，全县完成人工造林保存面积达到230万亩，其中压沙造林55万亩，封育天然沙生植被325万亩。民勤县在荒漠区外围筑起了以封沙育林为主的（长400km、宽2~60km）第一道防护屏障，在青土湖、老虎口、龙王庙、西大河等沿边流沙区筑起了以防风阻沙林带为主的（长180km、宽2~6km）第二道防护屏障，在408千米的风沙线上建成长达300多千米的防护林带，构筑了稳固的绿洲防护屏障。屏障的建设使300万亩以上的沙地得到有效治理，庇护124万亩农田免受风沙危害。治理区植被覆盖度达到36%，沙丘底部土壤结皮初步形成，周边生态逐步恢复。全县森林覆盖率由1978年的4.8%提高到2017年的17.91%。

## 第五节　特色活动

三北工程在建设40年中，不但在工程建设、生态保护和修复等方面取得了巨大的成就，充分展示了三北工程的“硬”实力，而且为了向国内外宣传、展现三北工程建设动态和实施成效组织了一系列的特色活动，这些活动彰显了三北工程蕴含的精神特质和文化软实力，极大提升了三北工程的影响力。

### 一、主题宣传报道

三北工程举行了大型电视访谈和组织媒体走进三北的文化宣传活动，旨在宣传展示40年来三北工程的重要成果，在全社会营造共同节约资源、保护环境、为生态文明建设贡献力量的浓厚氛围。

#### （一）电视访谈

2010年全国绿化委员会、国家林业和草原局等单位发起了旨在弘扬生态文明、传播绿色理念、建设美丽中国的“绿色中国行”大型系列主题公益活动，“绿色中国行走进美丽三北”是这个活动的组成部分。

在绿色中国行主题活动的引领下，推出了大型电视访谈节目“两山路上看变迁，绿色中国十人谈”（三北篇），访谈以“三北工程40年构筑绿色长城　造福中华民族”为主题，分为“绿色长城　造福中华”“绿色工程　科技创新”“绿色发展　共建共享”三个话题，畅谈三北工程40年建设的伟大成就以及新时代的生态建设和绿色发展。与会嘉宾从三北工程的立足点、长远性、战略性、全局性的高度阐述了其重大意义；从三北工程的科学性、遵循自然规律的角度探讨了生态修复和科技创新的关系；从三北工程发展绿色产业，将绿水青山转化为金山银山，带动百姓脱贫致富等肯定了其遵循自然规律、生态富民的实践探索。

### （二）媒体采访

2018年国家林业和草原局宣传办公室、三北防护林建设局、《绿色中国》杂志社、有关省（区、市）林业厅（局）共同开展了“绿色中国行——走进美丽三北”——三北工程40周年媒体记者系列采访活动。2018年7月9日，系列采访活动在辽宁启动，参加此次活动的记者来自《人民日报》、新华社、中央人民广播电台、《光明日报》、中国新闻社、《第一财经日报》《东方瞭望周刊》《中国绿色时报》、新华网、《国土绿化》杂志、《绿色中国》杂志等10多家媒体。记者赴辽宁省彰武县、内蒙古自治区通辽市、黑龙江省拜泉县等三北工程建设重点地区，深入采访报道三北防护林工程40年建设成效。例如，2018年7月10日，《人民日报》、新华社、《光明日报》、中央人民广播电视总台等15家主流媒体的记者走进三北工程建设地点之一——科左后旗。他们先后到达科尔沁沙地综合治理工程努古斯台项目区、阿古拉项目区，对科左后旗实施“三北”工程的成效进行采访。

## 二、评选展览活动

三北工程在过去40年间举办了各类大型的评选纪念活动，包括表彰先进人物、集体，举办三北工程40年成就纪念展，以及开展面向社会的生态文化作品主题征集活动。

### （一）评选先进集体和个人

三北工程建设过程中，不断涌现出贡献突出的党的先进个人和集体。他们的故事是三北人顽强拼搏、艰苦奋斗的缩影。党和国家多次强调要做好三北工程建设中先进典型的宣传和表彰工作。

2008年正值三北工程建设30周年之际，全国绿化委员会、人力资源和社会保障部、国家林业总局（现国家林业和草原局）发布了《关于评选三北防护林建设突出贡献单位和突出贡献者的通知》，要求对参与三北工程建设的机关、事业、企业单位以及其他对三北工程建设有突出贡献的个人和集体给予表彰。这次评选活动共表彰“三北防护林建设突出贡献单位”100个，“三北防护林建设突出贡献者”200名。

2018年是三北工程建设40周年，国家林业和草原局办公室发布了《关于开展三北防护林体系建设工程先进集体、先进个人和绿色长城奖章获得者推荐评选工作的通知》，评选表彰三北防护林体系建设工程先进集体98个、三北防护林体系建设工程先进个人98人、绿色长城奖章获得者20人。

### （二）举办成就展览

在党的十九大召开之前，中央宣传部、国家发展改革委、中央军委政治工作部、北京市委联合主办了“砥砺奋进的五年”大型成就展。2017年9月25日，大型展览在北京展览馆开幕。其中，第六展区以“绿水青山就是金山银山，迈入社会主义生态文明新阶段”为主题，展出了以习近平同志为核心的党中央团结带领全党全国各族人民在过去五年取得的生态文明和美丽中国建设成就。这个单元展出了“三北防护林体系建设工程（1978—2050年）示意图”。在展览开幕会当天，党和国家领导人前往北京展览馆，集体参观了“三北防护林体系建设工程（1978—2050）示意图”，对三北工程已取得的成绩给予了高度肯定。

2018年国家博物馆举办了“伟大的变革——庆祝改革开放40周年大型展览”。其中，在第四展区第五单元“人与自然和谐发展，推进美丽中国建设”，展出了三北工程建设具有典型代表的沙漠治理成就和在这里上演的艰辛、感人的治沙故事。展出的故事包括腾格里沙漠八步沙治沙场景、内蒙古自治区库布齐沙漠治理前后对比、河北塞罕坝林场创造的荒原变林海的奇迹等。

### （三）征集生态文化作品

2018年国家林业和草原局西北华北东北防护林建设局、新华网、国家林业和草原局宣传办公室共同主办了“三北工程40年·崛起的绿色长城——生态文化作品征集展播”。“三北工程40年·崛起的绿色长城——生态文化作品征集”活动自2018年4月27日起至2018年12月30日结束，征集作品和奖项包括：创意奖（LOGO作品）、影响力传播力奖（摄影作品）、视觉冲击力奖（视频作品）、绿色生态奖（生态文学作品）、公益创新奖（三北精神和公益广告作品），所征集作品将通过网络投票评选、专家评审、获奖公示环节，最终选出优秀作品一、二、三等奖及优秀奖若干名。此次活动共收到LOGO作品69幅、摄影作品1690幅、视频作品（微电影）62部、生态文学作品351篇、三北精神和公益广告570条，以丰富多样、群众喜闻乐见的文化形式，展示三北工程建设光辉而又艰辛的发展历程，在全社会营造了关心、支持、关爱三北工程、积极投身三北工程建设的良好氛围，为三北工程建设奠定了强大的精神基础和文化动力。

## 三、学术研讨交流

三北工程的建设取得了丰硕的成果，在实践中逐渐形成了一批可借鉴、可复制、可推广的有益经验。为了相互交流借鉴、取长补短，我国举办了学术会议和“外国使节进三北”的国际交流活动。

### （一）学术会议

2018年8月1日到2018年8月4日，由中国科学院、国家林业和草原局、国际林业研究组织联盟主办的国际防护林学暨三北防护林建设研讨会在沈阳召开，来自美国、英国、日本、加拿大、中国等国家的230余名从事防护林学研究的专家学者以及三北防护林工程的建设者和管理者参加了会议。会议介绍了国内外防护林建设现状，相互分享了不同国家防护林建设的成功经验，总结了防护林建设对经济、生态、社会建设的重要效益和巨大价值。与会专家学者一致认为，中国经过40年不懈努力，三北工程建设造林保存面积达29.2万平方千米，工程区森林覆盖率由1977年的5.05%提高到13.02%，在中国北方建起了一道乔灌草、多树种、带片网相结合的防护林体系屏障，成为享誉全球的“绿色长城”和“地球绿飘带”。

### （二）国际交流

三北工程在建设过程中，始终重视对外交流与对话。为了向国际社会展现三北工程取得的经验和成果，促进国际交流与合作，增加国家间友好往来和经验互鉴，国家林业和草原局组织和举办了“走进中国林业·外国使节看三北”的活动。该活动时间从2018年6月4日开始，6月8日结束，一共持续5天。在这次国际交流中，国家林业和草原局组织了德国、日本、南非、乌拉圭等10个国家的使节走进三北工程建设具有代表性的缩影——山西省进行考察。在短短5天考察中，外国使节先后到太原、吕梁、临汾、运城4市，考察了9个县、共13个林业生态建设现场。通过“走进中国林业·外国使节看三北”活动，让来自世界各国的使节领略到曹溪河流域生态综合治理的青山绿水、龙门垣沟壑纵横换绿装的神奇魔法、玉泉山森林垃圾场摇身一变成为市民生态公园的奇迹……，让各国的使节在现场感受了中国所倡导的“生态文明”“美丽中国”“绿水青山就是金山银山”“人与自然是生命共同体”等理念。

## 第六节 科技成果

加强科研工作、进行技术攻关是三北工程建设的必然选择。40多年来，在党和政府的领导下，广大人民群众和众多科技工作者不断进行科技攻关和克服重重困难，在技术创新、工程管理、科技创造方面取得了巨大成就，形成一批具有典型代表和鲜明特色的科技成果。

### 一、治沙固沙技术

三北地区遍布了我国大部分的沙漠，为阻断荒漠继续吞噬大地，治理长期存在的沙漠化，三北工程的建设者们不断进行治沙技术的改造升级和更新换代，创造了草方格沙障、多功能立体固沙车、削峰填谷治沙技术、甘草固氮治沙改土技术。

#### （一）“中国魔方”：草方格沙障

在宁夏存在着较多的流动沙丘，这些沙丘固定难度大，成本高，效果差。为固定流动沙丘科技工作者们因地制宜，摸索出了1平方米草方格沙障固沙的最佳方案。草方格沙障是用麦草、稻草、芦苇等材料在流动沙丘上，建造规格为 1 米×1 米的正方形沙障，以削弱风力侵蚀，达到防风固沙、涵养水分的治沙效果。草方格沙障有着“中国魔方”的赞誉，得到了世界各国的普遍赞誉和引用模仿。

在长期的实践中，草方格治沙固沙技术不断升级改造。传统的草方格不可降解，会造成一定污染，同时它的再利用率比较低。为了解决这个问题，科研人员在传统草方格的基础上，改造了沙障的原材料，制造了生物基可降解的聚乳酸沙袋沙障。这种沙障同传统沙障相比，其铺设效率提高了 3~5 倍、材料搬运量降低了 2000%~6000%，障体材料可完全生物降解，杜绝了化学残留和污染。

### （二）多功能立体固沙车

多功能立体固沙车是由北京林业大学和甘肃建投新能源科技股份公司合作建设的现代化固沙装备，集铺设草方格沙障、灌木平茬和草种喷播等功能于一体，超越了传统草方格沙障的人工铺设，能够实现快速固沙，具有高新、高效、节能降耗、一机多用等特点。

多功能立体固沙车是在传统的草方格沙障治沙基础上发展起来的，其采用的就是原来最为原始的草方格沙障治沙法。它们之间不同的是传统的草方格沙障治沙法必须依赖大量的人工操作，耗费了大量的人力、物力，而这款固沙车提高了快速固沙的机械化程度，在大大提高治沙效率的同时还能够节省人工成本和物资消耗。多功能立体固沙车的操作装置主要由四轮驱动底盘、散草分、剪、输送机械系统、草方格铺设及苗条插入装置、草种喷播机械系统和自适应摆臂割灌平茬装置五部分组成。它能够实现沙地作业、机械化插植草沙障等一机多用的效果。目前这一款“多功能立体固沙车”已经是三北地区荒漠化治理以及我国沙漠化治理的“主力”。

### （三）削峰填谷治沙技术

削峰填谷治沙技术是在传统固底削顶治沙技术基础上发展起来的，结合大数据，是应用灌木或者乔木固沙林格局变化与风沙物理学原理的创新技术。该技术主要包含三种形式：“前挡后拉”“后拉前不挡”“先前挡，再后拉”。

人们应用削峰填谷治沙技术对较小的流动沙丘进行固定时，以迎风坡栽植灌木为主，利用风力削平未造林的沙丘上部，使流动沙丘得到固定、高度下降，以达到削峰填谷的目标。人们利用削峰填谷原理，先确定流动沙丘所在地的主风向，然后在迎风坡四分之三以下的地方种植灌木，未造林的坡顶便会被大风逐渐削平，栽植灌木的地方得以固定。目前，削峰填谷治沙技术得到大力推广，在内蒙古等沙漠地区广泛应用。

#### （四）甘草固氮治沙改土技术

甘草固氮治沙改土技术就是利用甘草土壤改良的天然特性，通过大面积的甘草种植治理沙漠化，并发展富民经济的治沙改土技术。甘草是一种耐旱、免耕、无灌的植物。它具有超强的环境适应性和明显的土壤改良性。甘草根部的根瘤菌有固氮作用，能够增加土壤肥力，治沙改土效果非常明显。甘草的生物量较大，具有较强的防风固沙作用。为了进一步提高甘草的种植面积，人们推出了“半野生化甘草平移种植技术”。这种技术的优势就是大幅度扩大治沙面积。常规的甘草是竖着生长的，而经过“半野生化甘草平移种植技术”改造的甘草则可以“躺”着长。这种技术不仅增加了甘草的重量，还将甘草绿化沙漠的面积从 0.1 平方米提高到 1 平方米，使沙漠治理面积和效率增长了 10 倍。

### 二、造林技术

植树造林、涵养水源、保持水土是三北工程的首要任务，种树是三北工程的头等大事。三北地区常年多风沙，种树难、树苗存活率低等问题一直是困扰三北的大问题，为了解决这个关键问题，三北工程结合实际、因地制宜，创造了抗旱造林、飞播造林、封山封沙育林、微创气流法造林等技术。

#### （一）抗旱造林

干旱是三北地区普遍存在的气候特征。在常年多沙少雨的情况下如何种树、保证树苗的存活率等，是三北造林工程必须克服的难题。技术攻关成为解决问题的首要选择。苗木浸泡、坐水栽植、覆膜造林、容器苗造林、培抗旱堆、开沟深栽、ABT生根粉、保水剂等抗旱造林技术是三北地区针对这一难题给出的答案。苗木浸泡技术可以促进苗木生根，使苗木有强大的吸收力和固定能力；覆膜造林起到涵养水分、保暖保湿的作用，提高了树苗的存活率，能够保证90%的幼苗正常生长。这些抗旱技术的引入大大提高了林业生产效率，减少了经济损失，保证了三北地区林业种植的存活率和质量。

### （二）飞播造林

为了防沙治沙，扩大改善森林植被，更好地实现荒漠化治理，三北工程采用飞播技术，即飞机播种造林技术。飞播造林技术也称无人机飞播造林固沙技术。利用现在飞速发展的无人机，人们设计了“携种器”“调控阀门”等，并进一步研发出弹射种子技术，目的是把种子直接播入沙土中。

这种技术按照飞机播种造林规划设计，用飞机装载林草种子飞行宜播地上空，使飞机准确沿一定航线和航高，将种子均匀播撒在荒山荒沙上。此技术利用林草种子天然更新的植物学特性，在适宜的温度和适时降水等自然条件下，促进种子生根、发芽、成苗。在此技术之上，工程人员自主创新并推广应用了选择飞机播种时机、种子大粒化等技术，将飞播造林成效提高20%，突破了年降雨量200毫米以下不宜飞播的“禁区”。在三北地区未来的林业生态工程建设中，飞播造林的地位将更为突出，不少宜林地是人力难及的远山大漠，飞播造林投资少、效益高的优势将得到充分发挥。

### （三）微创气流植树

微创气流植树是针对传统挖坑植树法的弊端产生的。挖坑植树容易破坏土壤生态，造成土壤营养的流失和消耗。微创气流法是在应用前人钻孔植树造林治沙技术的基础上，不断完善提高开创的技术，即以常水压为动力，在沙地冲出深1米左右的孔洞，将苗条插入孔内，使苗条与沙土层紧密结合，使挖坑、栽树、浇水三步骤一次性完成。遇到沙漠深处没有水源的情况，微创气流植树法依然适用。此时，人们会使用升级改造版的螺旋钻法，即用微动力带动螺旋钻打孔，然后插入苗条，再夯实沙土。10秒可种下一棵树，树的成活率达65%以上。微创气流植树是三北地区的种树“利器”，正在被广泛应用。

（四）封山封沙育林

在黑龙江省西部，土地沙漠化严重，雅鲁河、罕达罕河、绰尔河附近出现流动沙丘、半流动沙丘和固定沙丘。为了防治土地沙漠化、恢复植被、控制水土流失，三北工程推出封山封沙育林技术。封山封沙育林技术将有成林希望和可能继续生长成林的树种，分步骤、分阶段进行封禁和培育，在此基础上，因地制宜选择合适的造林树种，在大面积流沙、半流沙混合分布的地区采取人工造林和封沙育林相结合的方法，以灌草封育、针阔混交、封造并举，达到网带片、乔灌草相结合的稳定结构，使沙地向固定方向逆转。这种造林技术，坚持以封为主、封育结合，突破了过去以造为主的技术难关，加快了工程建设步伐。

## 第七节　文化传播

三北工程在实践中涌现出的人和事是文化传播的重要素材和宝贵资源。在过去 40 多年间，三北工程形成了一系列的文化作品，包括文学作品、歌曲、影视作品、专题纪录片。这些文化作品既记录了三北工程建设的曲折历程和艰辛不易，也体现了三北工程建设者坚韧不拔和攻坚克难的精神，起到了重要的宣传作用。

### 一、文学作品

2018 年三北局发起了 40 年优秀文学作品巡礼系列活动，先后出版了《逐梦岁月——三北防护林体系建设 40 年优秀文学作品》《砥砺奋进——三北防护林体系建设 40 年先进人物》等文集。这些文集汇集了比较有影响力的三北生态文学作品。

### （一）优秀文学作品

三北工程建设40年期间，文学作家、生态作家创作了许多史诗般波澜壮阔、具有巨大艺术感染力、情感共鸣力的文学作品，包括《三北造林记》《三北：绿色长城》《逐梦谣——献给三北防护林体系的创业者和建设者》等。

《“三北”造林记》发表于2013年9月25日，是由李从军、刘思扬、李柯勇、白瑞雪、韩冰采写的新华社长篇通讯。这篇报道构思雄奇、感情充沛、手法多变、文采飞扬，对人物的刻画栩栩如生、呼之欲出。文章选取了牛玉琴、石光银、白春兰、王有德等典型造林英雄、治沙楷模，描写了他们从失败到成功、从痛苦到快乐、从幻灭到重新燃起希望的曲折过程。《“三北”造林记》一经发表影响力巨大，并获得了第二十四届中国新闻奖新闻通讯特别奖。《三北：绿色长城》是李青松2018年发表于新华网的文章。文章着重介绍了三北地区生态状况的一个缩影——科尔沁沙地，描写了科尔沁从草原到沙地再到草原的发展历程，突出了该地区人民改造环境、顽强生存的心灵和精神。该文也获得了“三北工程40年·崛起的绿色长城——生态文化作品征集展播”活动“绿色生态奖”二等奖。这些优秀作品都被汇编在《逐梦岁月——三北防护林体系建设40年优秀文学作品》。

### （二）先进人物汇编

《砥砺奋进——三北防护林体系建设40年先进人物》是三北防护林体系建设40年系列丛书之一，由国家林业和草原局西北华北东北防护林建设局编辑、中国林业出版社出版。本书共分两部分，介绍了绿色长城奖章获得者、三北防护林体系建设工程先进个人的典型事迹。这本书共收录了109位治沙造林英雄的故事。他们是绿色长城奖章获得者，包括坚守30年的“沙漠大叔”石光银、坚守一线29年的“山里娃”黄宝剑等。书中还是介绍三北防护林体系建设工程先进个人的事迹，包括心在园林、志在园林、做绿化造林先行者的郭启志，扎根林业40年、播撒家乡万亩绿的李万玉，等等。

## 二、歌曲、影视作品

许多文艺工作者和文艺作品通过多样化的艺术表现形式，以群众喜闻乐见的方式赞颂三北工程的艰苦卓绝和创造的光辉奇迹，涌现出一大批以三北工程建设真实事件为素材的原创性歌曲和影视作品。

### （一）歌曲作品

歌颂三北人和以三北人为原型的歌曲作品主要有《追着风沙走》《父的三北》等。《追着风沙走》是2020年发行的，由杨玉鹏作词、韩刚作曲、民勤籍歌手黄斌倾情演唱。该歌曲以甘肃省古浪县八步沙林场“六老汉”三代人治沙造林的事迹为原型，赞扬了他们愚公移山、代代相传、接力奋斗誓将沙漠变绿洲的奋斗精神。《父的三北》是《我和我的家乡之回乡之路》的推广曲，歌曲改编自陕北民歌《赶牲灵》，由歌手郑钧创作并演唱。据悉，郑钧的父亲郑善斌是中国最早一批投身三北防护林事业的人员之一。他毕业于西北农大的林业系，在当时主要负责育种和飞机散播，后因化学品超量患上白血病，最终去世，年仅39岁。歌手郑钧表示，“父亲的样子就是家乡的样子”。

### （二）影视作品

近年来，我国逐渐涌现出一些以三北工程建设中的真实事迹为原型的影视剧，既包括以《大漠英雄》和《最美的青春》为代表的电视剧，也包括以《我和我的家乡之回乡之路》为代表的电影。

《大漠英雄》播出于2011年，是陕西世经文化产业有限公司出品的30集大型电视连续剧。该电视剧的剧情聚焦20世纪70年代毛乌素沙漠边缘的疙瘩套村，讲述了人们无私奉献、齐心协力、共同击退风沙的故事。《最美的青春》播出于2018年，该剧共分为36集，以20世纪六七十年代的塞罕坝几代造林人的先进事迹为原型，讲述了以冯程、覃雪梅等为代表的来自全国18个省市的林业大中专毕业生，与承德围场为骨干的林业干部职工共369人开荒造林、积极响应祖国号召、进入塞罕坝与风沙做斗争的故事。

《我和我的家乡》上映于2020年国庆档，作为一部献礼片共分为五个单元,《回乡之路》是其中之一。《回乡之路》以陕西芦河沙地苹果创始人张炳贵为原型,再现了他在沙地里种苹果、克服各种困难、在荒漠中带领百姓发家致富的动人故事。在《回乡之路》的结尾,曾经在沙海中砥砺前行的英雄们惊喜出现,全国劳动模范牛玉琴、全国治沙英雄石光银在镜头中实现了联动,这是影片最重量级的呈现方式,带给无数人感动。

### 三、专题纪录片

在国家林业总局(现国家林业和草原局)、三北局的组织下,多个单位深入三北地区,进行实地考察,力图最真实、客观地将三北40年艰苦卓绝的奋斗历程、翻天覆地的变化呈现给社会大众,拍摄制作了大量的专题纪录片。

#### (一)《穿越风沙线》和《大地寻梦》

《穿越风沙线》和《大地寻梦》是由国家林业总局(现国家林业和草原局)、凤凰卫视合作启动拍摄的大型电视生态系列纪录片,真实反映了三北地区在党中央和各级政府领导下改造自然、绿化祖国的伟大壮举。

2000年《穿越风沙线》项目正式启动。这是国内首次媒体组团大型走访三北的纪录片,中新网的报道将这次纪录片摄制称为"开创了中国森林的'生态影像档案'"。2000年7月28日,采访从三北最东端的黑龙江省宾县出发,经三北地区13个省(自治区)、市到三北最西端新疆乌孜别里山口,途径500余市、县、乡、镇,历时105天,行程25000千米。媒体沿途采访各种人物百余人,采取边采边播的方式,力图将防护林建设第一线最新的人和事讲述给观众。

2011年,国家林业总局(现国家林业和草原局)、凤凰卫视为了再度探访、持续追踪报道三北防护林的成长,再次携手合作拍摄《大地寻梦》。《大地寻梦》分为上、下两部分。上篇《又见大森林》沿纵线探访104个县市、行程50000千米、采访500余人,于2011年6月28日摄制完成。下篇《又探风沙线》沿横线以三北防护林为基础,由东向西贯穿东三省,重访《穿越风沙线》走访过的老朋友和老地方,纪录十年间"三北"生态状况的巨大变化。《大地寻梦》沿"一纵""一横"对中国林业状况进行了有史以来最详细、全面的考察，以生态纪录片、感人故事、生态话题深入对话等方式，让电视观众更加真实深入地了解三北工程和中国林业的历史进程。

### （二）《绿色长城》

2016 年，中国农业电影电视中心、国家林业和草原局三北防护林建设局共同启动了《绿色长城》纪录片项目。这部纪录片主要向观众展示的就是一件事，即什么是“三北精神”。这部纪录片足足用了 3 年时间进行拍摄，走遍了三北的 13 个省（区、市）和新疆生产建设兵团的 50 多个县（旗、区、市）和团场，采访过近 200 个人，包括农林和治沙专家、农牧民及劳模等。纪录片分为“绿梦初心”“众志成城”“汇智攻坚”“三北精神”“金山银山”和“绿色奉献”六集。2019 年，这部承载着三北人光阴故事与无数感动的纪录片在央视与观众见面。这部纪录片播出后反响强烈，赢得社会一致好评，获得了第 32 届中国电影金鸡奖最佳科教片奖、第 10 届“中国龙奖”特等奖和第四届中国（深圳）国际气候影视大会 HCCFF 长片金奖。

### （三）《绿染三北》

2012 年，国家林业局三北局与中央电视台联合拍摄了电视纪录片《绿染三北》。《绿染三北》是一部行走式纪录片，拍摄者的足迹遍布东北三省、宁夏、河北、山西、陕西等 13 个省市区的 20 多个地区。该片对普通群众的日常生产、生活做了跟踪拍摄，力求记录和展示三北地区生态、经济、社会等方面的巨大变化。该纪录片多角度、全景式表现了东北、西北、华北地区的人们坚持治沙，最后取得胜利的生动实践和巨大成就。2013 年，该纪录片在央视经济频道半小时栏目播出，播出后受到社会各界普遍赞誉，并获得了 2013 年第七届纪录中国社会新闻类二等奖、纪录片网优秀年度纪录片奖。

# 第七章

## 方兴未艾　守正创新

（三北工程生态文化的展望）

2017年年初，中共中央办公厅、国务院办公厅印发《关于实施中华优秀传统文化传承发展工程的意见》指出，文化是民族的血脉，是人民的精神家园。文化自信是弘扬中华文化、展现中华文化独特魅力、增进世界对中华文化的了解和认同，是我们的责任和使命。

我国实施三北工程，传承和发展了三北工程生态文化，丰富了生态文化和人民精神生活，增进了人们对三北等重大生态工程的了解和认同，为生态文明建设提供更基本、更深层、更持久的力量，三北工程的实施既是三北工程建设的重要内容，也是繁荣具有中国特色社会主义文化、增强中国特色社会主义文化自信的需要。

生态文化是人类不断学习、交流、创新、进步的文化，三北工程文化也理应如此。在文化融合的趋势中，传承和发展三北工程生态文化需重视把握三个方面：第一，珍惜中华传统文化；第二，不能夸大自己的文化；第三，不能夸大自身文化和其他文化的差异性，反而，要更重视人的共同性，包括人类、人性、文化、愿景、目标、希望的共同性。要将三北工程生态文化与其他生态文化、中国文化与国外文化互鉴互融，并将文化与经济、政治、科技、社会等诸方面融合，创造先进的生态文明。

## 第一节　三北工程生态文化体系建设的近期规划

### 一、指导思想

“十四五”时期，三北工程生态文化建设将凝心聚力，以文化人，助力林草系统高质量发展。三北工程生态文化认真审视三北工程的终极目的和使命，系统梳理三北工程发展历程中的精神文化资源，做到“四个坚持”，即一是坚持党的领导和以人民为中心的思想。二是坚持社会主义核心价值观。三是坚持习近平生态文明思想和“绿水青山就是金山银山”的理念。四是坚持弘扬中国优秀传统文化和融合创新精神。

### 二、基本原则

2018年5月，习近平总书记在全国生态环境保护大会中提出新时代推进生态文明建设的基本原则：一是坚持人与自然和谐共生，坚持节约优先、保护优先、自然恢复为主的方针。二是绿水青山就是金山银山，贯彻创新、协调、绿色、开放、共享的发展理念。三是良好生态环境是最普惠的民生福祉，坚持生态惠民、生态利民、生态为民。四是山水林田湖草是生命共同体，要统筹兼顾、整体施策、多措并举。（后又提出山水林田湖草沙系统保护和治理）五是共谋全球生态文明建设，深度参与全球环境治理，制定世界环境保护和可持续发展的解决方案，引导应对气候变化的国际合作。国家林业总局（现国家林业和草原局）2016年印发《中国生态文化发展纲要（2016—2020年）》（简称《纲要》），《纲要》提出了生态文化发展的四大原则：一是培育支撑，融会贯通。二是与时俱进，创新发展。三是共建共享，贵在践行。四是生态平衡，统筹协调。我国综合生态文明建设的六大原则、生态文化发展的四大原则，根据三北工程生态文化的特点，为全面提升三北工程生态文化建设质量和水平、推进三北工程生态文化高质量发展、为建设生态文明和美丽中国做出新的、更大的贡献。为此，三北工程生态文化建设的基本原则应包括四个方面：一是立足生态，绿色发展。二是挖掘内涵，创新发展。三是统筹规划，重点发展。四是吸收借鉴，共享发展。

### 三、基本思路

我国坚持以习近平生态文明思想为指导，以“绿水青山就是金山银山”理念为引领，以不断丰富完善三北工程精神文化、制度文化、物质文化、行为文化为核心，以全面研究、深入挖掘、认真整理、精心创作、吸收借鉴、广泛传播为手段，以讲好三北工程建设故事、传播好三北工程建设声音为宗旨，以向世界展现真实、立体、全面的三北工程，提高三北工程生态文化软实力和影响力为目标，建设具有强大凝聚力和引领力的社会主义先进文化，全面提升三北工程生态文化建设质量和水平，为推进三北工程高质量发展，建设生态文明和美丽中国做出新的、更大的贡献。

### 四、阶段性目标

三北工程生态文化是我国生态文化体系的重要内容，其建设目标与国家生态文化建设的目标相一致，建设进度也将与国家“十四五”及实现第二个百年目标的要求同步。

一、按时间节点划分。从时间纬度上看，三北工程生态文化建设分近期目标（2020—2025）、中期目标（2026—2035）和远期目标（2036—2050）。

二、按研究重点划分。从研究重点上看，三北工程生态文化建设有如下三个逐步推进的目标：一是感性的层面，壮大三北工程文化。二是理性的层面，发展三北工程生态文化。三是哲理的层面，构建三北工程生态文化理论。

## 第二节 三北工程生态文化体系建设的重点任务

三北工程生态文化建设的重点领域，主要从两条主线上展开：一是围绕文化发展主线，加大三北工程文艺、文化、文明建设。二是围绕理论研究主线，探索研究三北工程理论、伦理、哲学等。

## 一、鼓励创作优秀文艺作品

三北工程文艺，是指与三北工程相关的文学和艺术，是人们对三北工程建设过程、成效的提炼、升华和表达。发展三北工程精神文化，就要发展三北工程的生态文学艺术创作，推动生态文艺繁荣，尤其要支持创作生产出无愧于这个伟大生态工程的优秀作品。这样才能够真正深入人民精神世界，才能触及人的灵魂、引起人民思想共鸣。生态文艺的样式很多，如报告文学、诗歌词作、影视纪录片、音乐戏曲等。所选取的题材应该多种多样，从三北工程的沙漠治理、黄土高原生态恢复，到发展方式转型、生态文明建设。同时，作品应体现党带领亿万人民实施三北工程等生态建设工程的光辉历程和所取得的巨大成就，描绘人民对美好生活的向往和工程实施后的美好画卷，达到振奋人心、鼓舞精神的效果，使之成为当代中国艺术成就的重要组成部分。同时，应将三北工程生态文化作为现代公共文化服务体系建设的重要内容，充分挖掘少数民族的优秀传统生态文化思想和资源，创作一批文化作品，满足广大人民群众对生态文化的需求。

## 二、加强三北工程信息传播

发展三北工程精神文化，就要加强新闻报道，拓展三北工程生态文化载体和传播功能。新闻报道是三北工程精神文化建设的重要内容。今后，我国应在40多年建设发展的基础上，形成以《人民日报》、新华社、央视广播、《经济日报》《中国绿色时报》、国家林业和草原局政府网等中央新闻媒体为龙头，以各省报刊、电视广播、政府网站、新媒体为骨干的新闻报道网络。在报道中坚持客观性、权威性、时效性、系统性和人民性。通过新闻报道和文化传播，较好地发挥正面宣传效应，把我国三北工程宣传工作推向深入发展的新阶段，凝聚人民共识和生态保护意识，为各项工作开展营造良好的文化氛围，同时，开展主题宣传活动。通过典型示范、展览展示等形式，精心组织好世界地球日、世界环境日、世界森林日、世界水日、世界海洋日和全国节能宣传周等主题宣传活动，广泛动员全社会参与三北工程生态文化建设、共建环境友好型社会、共促绿色发展、绿色崛起。

### 三、加强三北工程学术研究

学术著作是三北工程精神文化的重要载体。三北工程的科学研究可为三北工程的深入发展提供重要保障。一方面，三北工程通过科学研究总结提升已有经验；另一方面，三北工程通过科学研究对三北工程工作中遇到的难题进行攻坚克难。今后，应继续重视和支持以三北工程为主题的学术研究，支持发表相关学术著作和学术论文的学者，为三北工程建设提供精神和技术支撑。

### 四、加强文化基础设施建设

开展国家三北工程生态文化博览园和三北工程文化创新基地、三北工程文化基础设施基地、三北工程文化宣传教育基地“一园三基”的建设，抓紧建立生态博物馆、科普馆等三北工程文化普及场所。以会议、交流、研讨为补充，全力打造三北工程建设交流平台。完善三北工程生态文化形象标识系统，打造三北工程生态文化城镇和美丽乡村，大力构建三北工程生态文化互动体验空间。总之，应多管齐下，多措并举，发展三北工程精神文化。

## 第三节　三北工程生态文化体系建设的对策建议

三北工程虽然取得了阶段性成就，但从总体上看，三北地区生态依然脆弱，林草资源总量不足，森林覆盖率只有 13.57%，比全国森林覆盖率低 9.47 个百分点；三北地区森林质量不高，老化退化林占比达 12.3%，防护效益低下；造林密度偏大，树种结构单一，混交林占比低，科学绿化亟待加强；基础保障能力较弱，科技发展严重滞后，工程建设信息化水平低，林草装备研发和推广应用十分落后；现行技术、标准、规程等与现代智慧林业和科技发展融合有待提升；生态系统性不强，“四个系统、一个多样性”架构还没有形成；生态功能发挥不充分，生态产品供应远远不足，价值实现不充分。种种问题都表明，新时代三北工程的生态建设任务依然十分艰巨，需要我们加大生态文化建设力度，推动三北防护林事业进入新境界。

加大生态文化建设力度，推动三北防护林事业进入新境界，首先要在国家林草局党组的坚强领导下，持续不断贯彻落实习近平总书记对三北工程的重要指示精神，坚持绿水青山就是金山银山和山水林田湖草沙系统治理的理念，深入推进三北六期工程建设，不断提升林草资源总量和质量，推动三北工程高质量发展，努力实现2035年远景目标，为建设生态文明和实现美丽中国梦贡献三北工程力量。

## 一、坚持举棋定向，持续贯彻落实习近平总书记对三北工程重要指示精神

2018年11月，在三北工程建设40周年之际，习近平总书记对三北工程建设作出重要指示强调，三北工程建设是同我国改革开放一起实施的重大生态工程，是生态文明建设的一个重要标志性工程。经过40年不懈努力，工程建设取得巨大生态、经济、社会效益，成为全球生态治理的成功典范。当前，三北地区生态依然脆弱，我国继续推进三北工程建设不仅有利于区域可持续发展，也有利于中华民族永续发展。我国要坚持久久为功，创新体制机制，完善政策措施，持续不懈推进三北工程建设，不断提升林草资源总量和质量，持续改善三北地区生态环境，巩固和发展祖国北疆绿色生态屏障，为建设美丽中国作出新的、更大的贡献。

习近平总书记对三北工程作出重要指示，进一步明确了三北工程的历史地位，充分肯定了工程建设取得的巨大成就，深刻阐述了继续推进工程建设的重大意义、原则要求和目标任务。这些重要指示思想深刻、内涵丰富、目标明确，是三北工程建设践行习近平生态文明思想和新发展理念的具体要求，为新时代推进三北工程文化建设提供了根本遵循、提出了更高的要求。

## 二、坚持统筹协调，积极践行绿水青山就是金山银山的理念

“十四五”期间，三北工程将始终坚持绿水青山就是金山银山的理念，在加快林草资源培育的同时，发展壮大林草产业，统筹生态与经济协调和可持续发展。三北工程建设把三北地区荒山造林、湿地保护、退耕还林还草、草原恢复、沙化土地封禁保护等进行系统整合，统一规划实施，全面开展三北地区生态保护修复，努力实现绿水青山；发展大产业，加快林草产业升级，打造林草产业品牌，提高林草产品供给能力，为人民群众提供优质林草生态产品，不断壮大金山银山；塑造大景观，以人民群众对优美生态环境的需求为出发点，加大城乡绿化美化景观化，不断改善城乡人居环境和乡村生态面貌，让良好生态环境成为人民美好生活的增长点。

要深度融合“一带一路”倡议、乡村振兴战略、京津冀协同发展战略、黄河流域生态保护和高质量发展战略、西部大开发战略等国家重大战略，统筹治理、协同推进，全面提升生态系统保护修复能力，不断提升国家重大战略区生态承载力和质量。围绕“一带一路”倡议，加快“一带一路”沿线省（区）防沙治沙进程；围绕乡村振兴战略，持续改善乡村生态面貌，优化乡村产业结构，巩固脱贫攻坚成果；围绕京津冀协同发展战略，不断优化生态空间布局，为区域发展提供生态条件；围绕黄河流域生态保护和高质量发展战略，抓好黄河流域林草植被恢复和水土流失治理；围绕西部大开发战略，三北工程建设重点要逐步向西部地区转移。

## 三、实行整体施策，坚持山水林田湖草沙系统治理理念

“十四五”期间，三北工程将坚持山水林田湖草沙系统治理的理念，实行整体施策、统一保护、系统修复。实施综合治理，三北工程在三北地区以林草植被为主体，跨区域、全流域、整山系推进大治理，构建完备的区域生态屏障；实施系统治理，三北工程统筹进行三北地区森林、草原、湿地、荒漠生态系统保护修复和野生动植物保护，不断增强三北地区生态系统的稳定性；实施源头治理，三北工程在三北地区风沙源区和大江大河源头，建立封禁和

封育保护区，促进自然植被休养生息；推进规模治理，三北工程加快三北地区规模化林场建设，抓好雄安新区白洋淀上游、内蒙古浑善达克、青海湟水流域3个规模化林场试点建设，推行规模化林场试点建设经验。

按照实施综合治理、系统治理、源头治理，推进规模治理的原则，在三北六期工程中推动建设一批高质量发展示范区，在山西谋划建设昕水河黄河生态保护和高质量发展生态经济型示范区，在毛乌素沙地谋划建设山水林田湖草沙一体化治理示范区，在甘肃定西市安定区谋划建设渭河流域源头治理示范区，在新疆谋划建设阿克苏生态价值实现示范区，在内蒙古阿拉善谋划建设自然修复综合试验示范区。通过综合治理，形成造林、种草、防沙、治山、治水、护田、护湖融合发展的建设格局，推动工程治理由单一的林草培育向修复整个自然生态转变，提高生态系统的生态产品供给能力。

### 四、完善治理体系，提升三北工程建设成效

“十四五”期间，将全面总结三北工程建设成就和经验，深入研究未来工程建设中可能存在的重点和难点问题，认真研究加快工程建设的对策和办法，厘清思路，明确目标，坚定方向，结合三北工程总体规划修编和六期工程规划编制，以科学规划为引领，建立和完善五大工程制度体系，提升治理效能，促进工程建设优化升级，推动工程建设高质量发展，筑牢祖国北疆绿色生态屏障。

总之，新时代、新征程、新阶段、新任务。未来，三北工程文化体系建设应全面深入贯彻习近平的生态文明思想，不断加大生态文化建设力度，稳步推进三北工程实施进程，努力促进国际生态文化交流与合作，积极参与国际生态环境治理，共同创造美丽新世界。

# 后　记

《三北工程生态文化体系研究》一书终于付梓。受国家林业和草原局西北华北东北防护林建设局的委托，研究团队历时2年多，撰写了数十万字的文稿，完成了三北工程生态文化体系建设课题研究项目。在此基础上，遴选了其中的精华内容，形成了此书书稿。团队每一位成员都为此付出了大量的心血。

本书的整体框架由铁铮、田阳、徐迎寿等人设计，多次征求研究团队成员意见，最终确定。为增强书稿的系统性，研究团队强化统稿工作，根据需要对全书结构和内容进行了多次调整归并。

全书的大体分工：前言和后记由田阳、铁铮撰写；第一章主要由巩前文、张玉钧、郑湧、赛江涛等人撰写；第二章主要由南宫梅芳、徐迎寿等人撰写；第三章主要由高广磊、田阳、于明含和阿拉萨等人撰写；第四章主要由姚莉、金鸣娟、陈若漪及多位学生撰写；第五章主要由赵玉泽、高广磊、田振坤等人撰写；第六章主要由庞瑀锡、姚莉、陈金焕等人撰写；第七章主要由高立鹏、铁铮等人撰写。

感谢国家林业和草原局西北华北东北防护林建设局的委托，感谢每一位为此书的撰写和出版做出贡献的人。书中如有不当之处，敬请指正。

在构成生态文明体系的五大体系中，生态文化体系排在首位。深化生态文化体系研究，我们将永远在路上。

编者

2023年5月